Entwicklung einer flexibel automatisierten Nähanlage

von der Fakultät
Konstruktions- und Fertigungstechnik
der Universität Stuttgart zur Erlangung der
Würde eines Doktor-Ingenieurs (Dr.-Ing.)
genehmigte Abhandlung

vorgelegt von
Dipl.-Ing. Oliver Krockenberger
aus Gerlingen

Hauptberichter : Prof. Dr. h. c. mult. Dr.-Ing. H. J. Warnecke
Mitberichter : Prof. Dipl.-Ing. A. Jung

Tag der Einreichung : 15. Juni 1994
Tag der mündlichen Prüfung : 3. November 1994

Oliver Krockenberger

Entwicklung einer flexibel automatisierten Nähanlage

Mit 75 Abbildungen

Springer-Verlag
Berlin Heidelberg New York
London Paris Tokyo
Hong Kong Barcelona
Budapest 1995

Dipl.-Ing. Oliver Krockenberger

Fraunhofer-Institut für Produktionstechnik und Automatisierung (IPA), Stuttgart

Prof. Dr.-Ing. Dr. h. c. Dr.-Ing. E. h. H. J. Warnecke

o. Professor an der Universität Stuttgart
Fraunhofer-Institut für Produktionstechnik und Automatisierung (IPA), Stuttgart

Prof. Dr.-Ing. habil. Dr. h. c. H.-J. Bullinger

o. Professor an der Universität Stuttgart
Fraunhofer-Institut für Arbeitswirtschaft und Organisation (IAO), Stuttgart

D 93

ISBN-13: 978-3-540-58939-6 e-ISBN-13: 978-3-642-47960-1
DOI: 10.1007/978-3-642-47960-1

Gesamtherstellung: Copydruck GmbH, Heimsheim
SPIN 10495710 62/3020-6543210

Geleitwort der Herausgeber

Über den Erfolg und das Bestehen von Unternehmen in einer marktwirtschaftlichen Ordnung entscheidet letztendlich der Absatzmarkt. Das bedeutet, möglichst frühzeitig absatzmarktorientierte Anforderungen sowie deren Veränderungen zu erkennen und darauf zu reagieren.

Neue Technologien und Werkstoffe ermöglichen neue Produkte und eröffnen neue Märkte. Die neuen Produktions- und Informationstechnologien verwandeln signifikant und nachhaltig unsere industrielle Arbeitswelt. Politische und gesellschaftliche Veränderungen signalisieren und begleiten dabei einen Wertewandel, der auch in unseren Industriebetrieben deutlichen Niederschlag findet.

Die Aufgaben des Produktionsmanagements sind vielfältiger und anspruchsvoller geworden. Die Integration des europäischen Marktes, die Globalisierung vieler Industrien, die zunehmende Innovationsgeschwindigkeit, die Entwicklung zur Freizeitgesellschaft und die übergreifenden ökologischen und sozialen Probleme, zu deren Lösung die Wirtschaft ihren Beitrag leisten muß, erfordern von den Führungskräften erweiterte Perspektiven und Antworten, die über den Fokus traditionellen Produktionsmanagements deutlich hinausgehen.

Neue Formen der Arbeitsorganisation im indirekten und direkten Bereich sind heute schon feste Bestandteile innovativer Unternehmen. Die Entkopplung der Arbeitszeit von der Betriebszeit, integrierte Planungsansätze sowie der Aufbau dezentraler Strukturen sind nur einige der Konzepte, die die aktuellen Entwicklungsrichtungen kennzeichnen. Erfreulich ist der Trend, immer mehr den Menschen in den Mittelpunkt der Arbeitsgestaltung zu stellen - die traditionell eher technokratisch akzentuierten Ansätze weichen einer stärkeren Human- und Organisationsorientierung. Qualifizierungsprogramme, Training und andere Formen der Mitarbeiterentwicklung gewinnen als Differenzierungsmerkmal und als Zukunftsinvestition in *Human Recources* an strategischer Bedeutung.

Von wissenschaftlicher Seite muß dieses Bemühen durch die Entwicklung von Methoden und Vorgehensweisen zur systematischen Analyse und Verbesserung des Systems Produktionsbetrieb einschließlich der erforderlichen Dienstleistungsfunktionen unterstützt werden. Die Ingenieure sind hier gefordert, in enger Zusammenarbeit mit anderen Disziplinen, z.B. der Informatik, der Wirtschaftswissenschaften und der Arbeitswissenschaft, Lösungen zu erarbeiten, die den veränderten Randbedingungen Rechnung tragen.

Die von den Herausgebern geleiteten Institute, das

- Institut für Industrielle Fertigung und Fabrikbetrieb der Universität Stuttgart (IFF),

- Institut für Arbeitswissenschaft und Technologiemanagement (IAT)

- Fraunhofer-Institut für Produktionstechnik und Automatisierung (IPA),

- Fraunhofer-Institut für Arbeitswirtschaft und Organisation (IAO)

arbeiten in grundlegender und angewandter Forschung intensiv an den oben aufgezeigten Entwicklungen mit. Die Ausstattung der Labors und die Qualifikation der Mitarbeiter haben bereits in der Vergangenheit zu Forschungsergebnissen geführt, die für die Praxis von großem Wert waren. Zur Umsetzung gewonnener Erkenntnisse wird die Schriftenreihe "IPA-IAO - Forschung und Praxis" herausgegeben. Der vorliegende Band setzt diese Reihe fort. Eine Übersicht über bisher erschienene Titel wird am Schluß dieses Buches gegeben.

Dem Verfasser sei für die geleistete Arbeit gedankt, dem Springer-Verlag für die Aufnahme dieser Schriftenreihe in seine Angebotspalette und der Druckerei für saubere und zügige Ausführung. Möge das Buch von der Fachwelt gut aufgenommen werden.

H.J. Warnecke H.-J. Bullinger

Vorwort

Die vorliegende Arbeit entstand während meiner Tätigkeit als wissenschaftlicher Mitarbeiter am Fraunhofer-Institut für Produktionstechnik und Automatisierung (IPA), Stuttgart.

Herrn Professor Dr.-Ing. Dr. h. c. mult. H. J. Warnecke danke ich für seine wohlwollende Unterstützung und Förderung der Arbeit.

Herrn Professor Dipl.-Ing. A. Jung danke ich für die Übernahme des Mitberichts, für die eingehende Durchsicht und für die wertvollen Hinweise, die sich daraus ergaben.

Aus dem großen Kreis der Kollegen am Institut, die mich durch Ihre Mitarbeit und anregende Kritik unterstützt haben, möchte ich die Herren Dr.-Ing. M. Schweizer, Dr.-Ing. E. Degenhart, Dr.-Ing. W. Strommer, Dr.-Ing. B. Klumpp sowie Prof. Dr.-Ing. R. D. Schraft besonders erwähnen. Herrn Dipl.-Ing. G. Hanisch vom Bekleidungsphysiologischen Institut Hohenstein danke ich für seine Diskussionsbereitschaft und befruchtenden Anregungen.

An dieser Stelle sollen auch die zahlreichen Hiwis und Praktikanten nicht unerwähnt bleiben, die mich während dieser Zeit tatkräftig unterstützt haben.

Ein besonderer Dank geht an meinen Freund und Kollegen Herrn Dipl.-Ing. Ralf Kaun, der nicht nur stets zu Diskussionen bereit war, sondern auch in "schwierigen" Zeiten ermutigende Worte gefunden hat.

Abschließend habe ich meiner lieben Frau Mônica zu danken, deren Verzicht auf viele freie Stunden mir das Schreiben dieser Arbeit ermöglichte.

Stuttgart, im November 1994 — Oliver Krockenberger

Inhaltsverzeichnis

Abkürzungen und Formelzeichen

a	mm	Abstand Einrastpunkt-Klemmkante
B	$N \cdot cm$	Biegesteifigkeit eines Textils
b	mm	Abstand Einrastpunkt-Drehgelenk
c	mm	tangentialer Düsenabstand
E	N / mm^2	Elastizitätsmodul
F	N	Abhebekraft
F_A	N	Anpreßkraft
F_B	N	Auflagerkraft am Drehpunkt der Klammer
F_G	N	Gewichtskraft eines Textilteils
F_R	N	Reibkraft
F_{sch}	N	Schließkraft
f	mm	Durchbiegung
g	m / s^2	Erdbeschleunigung
H	mm	Höhe des Einrastpunktes am Schnapphebel
h	mm	Höhe der Klammer bei Beginn der Durchbiegung
I_y	mm^4	Flächenträgheitsmoment
l	mm	Länge der Schließplatte
M_F	Nm	Rückstellmoment der Schließplatte
m_{tex}	kg	Masse des Textilteils
OPS		Orientierungs- und Positionierstrategie
p_{rel}	bar	Relativdruck
q_0	N / m^2	Flächenpressung der Positionierklammer
S		Sicherheitsfaktor
s	mm	Spaltbreite am pneumatischen Greifer (Profilkörperabstand)
T	mm	Textildicke
TCP		Tool-Center-Point der Halteeinrichtung
THM		Transporthilfsmittel
t	mm	axialer Düsenabstand
W	N / m^2	Flächengewicht eines Textils
w	mm	Überlappungslänge
X'	mm	Ordinate des gedrehten Eckpunktes
X_T	mm	Ordinate des Eckpunktes im Ausgangszustand
X_K	mm	Überfahrstrecke auf der Ordinate
X_0	mm	Ordinate des Drehpunktes
X_{TCP}	mm	Ordinate des Tool-Center-Points
$x_{1\,max}$	mm	Länge der Wirklinie der Flächenlast an der Klammer

Y_U	mm	Abszisse des Eckpunktes im Ausgangszustand
Y_K	mm	Überfahrstrecke auf der Abszisse
Y_0	mm	Abszisse des Drehpunktes
Y'	mm	Abszisse des gedrehten Eckpunktes
Y_{TCP}	mm	Abszisse des Tool-Center-Points

Griechische Buchstaben

α	grd	Winkel am Nahtanfang eines Teils quer zur Nährichtung
β	grd	Winkel am Nahtanfang eines Teils längs zur Nährichtung
y	grd	Anströmwinkel der Düse
μ		Reibbeiwert

1 Einleitung

1.1 Problemstellung

Textile Materialien finden in nahezu allen Bereichen des täglichen Lebens Verwendung. Das Spektrum, das in der Möbel-, Automobil- oder Bekleidungsindustrie verarbeitet wird reicht von Bekleidungsstücken bis zur Innenausstattung von Fahrzeugen. Innerhalb der genannten Branchen erfordern die verschiedenen Eigenschaften der Textilien jeweils unterschiedliche Bearbeitungsverfahren. Diese reichen vom Kleben über das Verschweißen bis zum Nähen. Das am häufigsten anzutreffende Bearbeitungsverfahren ist aber bis heute das Nähen der Teile.

Die Fertigung ist insbesondere im Bereich der Näherei durch einen kleinen Anteil von Maschinenzeiten an der Gesamtfertigungszeit gekennzeichnet. Der größte Anteil der Gesamtfertigungszeit wird hier für die nahezu ausschließlich manuelle Handhabung der Textilien benötigt /1, 2, 3/. Die Handhabungszeit umfaßt Greifzeiten, bei denen die Teile beispielsweise vom Stapel vereinzelt oder nach Beendigung des Nähens wieder abgelegt werden, und Bewegungszeiten, in denen die Teile orientiert und unter der Nadel einer Nähmaschine positioniert werden /4, 5/.

Der hohe Anteil an manueller Handhabung führt jedoch zu hohen Lohn- und damit Herstellungskosten. Eine wirtschaftliche Fertigung verlangt daher insbesondere in Hochlohnländern wie der Bundesrepublik Deutschland immer mehr die Substitution manueller, lohnintensiver Fertigungsschritte durch teil- oder vollautomatische Systeme, um der immer stärker werdenden Konkurrenz aus Billiglohnländern entgegenzuwirken /6/. Dies wird auch durch eine in der Bekleidungsindustrie durchgeführte Studie bestätigt, bei der 63 % von über 100 befragten Firmen in Zukunft Investitionen zur Automatisierung im Bereich der Näherei vorsehen /7/.

Allgemein gehören die Fertigungsbereiche, in denen Textilien genäht werden, und insbesondere die Nähbereiche in der Bekleidungsindustrie, zu den weltweit am wenigsten automatisierten Branchen /8/. Hauptgründe hierfür sind die hohen Anforderungen an die Flexibilität und schnelle Umrüstbarkeit der bestehenden Fertigungseinrichtungen. Diese resultieren aus den branchenbedingten Erfordernissen, in denen im Gegensatz zur Automobilindustrie kurzzyklische Modetrends das Geschehen diktieren. Einhergehend mit dem schnellen Wandel der Mode werden Materialien jeglicher Farbe und Beschaffenheit verwendet sowie unterschiedliche Schnitte gefordert. Eine Berücksichtigung handhabungsrelevanter Eigenschaften hinsichtlich Materialauswahl oder Geometrie ist somit aufgrund des Anspruchs an die Individualität der Produkte in der Regel nicht möglich.

Gerade bei der Verarbeitung von textilen Materialien stehen daher einer Automatisierung große Hemmnisse entgegen, die in den Eigenschaften der verwendeten Textilien liegen. Sie sind biegeschlaff und wenig dimensionsstabil /9, 10/. Aus diesen Gründen sowie den Schwierigkeiten, die Materialeigenschaften zu bestimmen und somit exakte Einstellungen der Anlagen auf Basis von Materialkennwerten durchzuführen (deren Ermittlung aus Zeitgründen häufig nicht möglich ist), findet sich keine durchgängige Automatisierung der Handhabungsvorgänge bei der Verarbeitung von Textilien.

In aller Regel werden die Textilien vor der Bearbeitung aus Kostengründen mehrlagig, d. h. im Stapel, zugeschnitten oder gestanzt. Die Schnittstapel werden danach zu den unterschiedlichen Bearbeitungsstationen in der Vorfertigung transportiert. Dort erfolgt als erster Schritt das Vereinzeln der Teile vom Stapel, bevor sie der Bearbeitungsmaschine in definierter Lage zugeführt werden.

An dieser Stelle bieten sich die besten Voraussetzungen für eine Automatisierung der Handhabungsvorgänge, da der Nähprozeß als zentraler Fertigungsschritt an einzelnen Teilen bereits sicher automatisch durchführbar ist. Gerade hier, am Beginn der Fertigungskette innerhalb der Näherei, kann somit der Grundstein für die Automatisierung aller nachfolgenden Arbeitsschritte gelegt werden.

Ansätze für eine Automatisierung der Fertigung direkt im Anschluß an den Zuschnitt, d. h. zu Beginn der Näherei, haben sich bisher vor allem auf die Vorfertigung und die Montage von Kleinteilen in Verbindung mit der Verwendung von Schablonen beziehungsweise Spanneinrichtungen konzentriert. Bei der Bearbeitung von großflächigen Teilen verhindert insbesondere die geringe Biegesteifigkeit der verwendeten Materialien eine flexible Automatisierung, da hier keine Schablonen oder Spannvorrichtungen zur Versteifung und Einhaltung der geometrischen Form der Teile sinnvoll verwendet werden können.

1.2 Zielsetzung und Vorgehensweise

Ziel der Arbeit ist es, Handhabungskomponenten für flexibel automatisierte Nähanlagen zu entwickeln, um das bestehende Defizit bei der automatischen Handhabung von Textilien zu schließen. Zur Unterstützung bei der Auswahl und Kombination der optimalen Komponenten zu einem Gesamtsystem werden Leitlinien entwickelt. Der Funktionsnachweis für die entwickelten Teilkomponenten innerhalb eines Gesamtsystems sowie die Anwendung der erarbeiteten Leitlinien werden anhand einer Prototypanlage demonstriert.

Um die gestellte Zielsetzung zu erreichen, wird wie folgt vorgegangen:

- Analyse des Standes der Technik bezüglich der automatischen Handhabung textiler Werkstücke und Aufzeigen des Entwicklungsdefizites.
- Ableiten von Entwicklungsschwerpunkten und Erstellen eines Anforderungsprofils für Handhabungskomponenten sowie für ein Gesamtsystem zur vollautomatischen Bearbeitung von flächigen textilen Teilen.
- Entwicklung von Konzepten für die Handhabungskomponenten unter Berücksichtigung der besonderen Merkmale und Eigenschaften textiler Werkstücke.
- Theoretische und praktische Untersuchungen der entwickelten Konzepte und Komponenten sowie Bewertung und Auswahl der am besten geeigneten Komponenten anhand eines repräsentativ ausgewählten Teilespektrums.
- Ableiten von Leitlinien zur Realisierung flexibel, automatisierter Nähanlagen für textile Werkstücke.
- Demonstration des Zusammenwirkens und der Funktionsfähigkeit der erarbeiteten Lösungen am Beispiel des Gesamtaufbaus einer flexibel automatisierten Nähanlage für ein typisches Produktspektrum der Bekleidungsindustrie.

2 Stand der Technik

2.1 Begriffe und Definitionen

Die folgenden Erläuterungen zu den Begriffen und Definitionen sind zur Beschreibung des Standes der Technik sowie zum Verständnis der anschließenden Kapitel notwendig.

- Flächige Textilteile

Unter flächigen Textilteilen werden Werkstücke verstanden, deren Länge und Breite um ein Vielfaches größer als deren Dicke ist und die durch geringste Kräfte ihre Form beliebig reversibel verändern (biegeschlaff). Beispiele für derartige Textilien sind Gewirke-, Gewebe- oder Faservliese zur Herstellung von Bekleidung, von Möbeln oder zur Fahrzeuginnenausstattung /11/.

- Transporteur und Drückerfuß

Beim Nähen bewegt der Transporteur einer Nähmaschine das Nähgut von unten zwischen zwei Sticheinträgen um eine definierte Länge. Das Gegenstück, das die Wirkverbindung zwischen Nähgut und Transporteur herstellt, wird als Drückerfuß bezeichnet.

- Umstechen

Von der Handarbeit übernommener Ausdruck für sogenannte Versäuberungsnähte mit denen Nähgutkanten (Schnittkanten) textiler Flächengebilde während und nach dem Produktionsprozeß gegen Ausfransen gesichert werden /12/.

2.2 Ausgangssituation

2.2.1 Flächige Textilien

2.2.1.1 Handhabungseigenschaften von Textilien

Textile Materialien haben gegenüber Metallen oder Kunststoffen völlig andere Merkmale und Eigenschaften. Bei der Handhabung und Kontrolle von Textilteilen mittels Sensoren sind daher die spezifischen Merkmale und das daraus resultierende Handhabungsverhalten zu berücksichtigen (*Bild 1*). Die Merkmale wie beispielsweise Dicke, Biegesteifigkeit oder Oberflächenstruktur ermöglichen prinzipiell eine Klassifizierung. Eine scharfe Trennung der Klassen ist jedoch unmöglich, da Textilien häufig nicht homogen sind und somit selbst innerhalb eines Textilteils die Merkmale stark streuen können. Eine Korrelation zwischen den verschiedenen Merkmalen gibt es nicht /13/. Weitere Eigenschaften sind beispielsweise, daß sich die Textilien aufgrund ihres Quellvermögens unter Einwirkung von

Feuchte oder Druck ausdehnen bzw. ihr Flächengewicht erhöhen. Die einmal ermittelten Kennwerte eines Textils sind somit häufig mit großen Toleranzen behaftet.

Einflußfaktor / Verhaltensmerkmal	Dicke	Biegesteifigkeit	Oberflächenstruktur	elektrostat. Aufladung	Farbe	Flächengewicht	Scherfestigkeit
Reflexion	○	○	●	○	●	○	○
Veränderung der Kontur	◒	●	○	○	○	◒	●
Faltenbildung beim Verschieben	◒	●	○	●	○	◒	●
Veränderung der Abmessungen (Dehnung)	○	◒	○	○	○	◒	◒
Größe der Haftkräfte zwischen zwei Teilen	○	◒	●	◒	○	●	○
Empfindlichkeit gegen mech. Einwirkungen	●	○	◒	○	○	○	◒

● Beeinflussung ◒ geringe Beeinflussung ○ keine Beeinflussung

Bild 1: Einflußfaktoren auf das Handhabungsverhalten textiler Materialien

Eine weitere, im Hinblick auf eine Automatisierung der Handhabungsvorgänge relevante Eigenschaft, ist die Deformation, die sich durch Faltenbildung und die leichte Veränderbarkeit der Kontur äußert. Eine quantifizierbare Aussage über die Art und Stärke der Auswirkungen auf das gesamte Textilteil in Abhängigkeit von der eingebrachten Kraft und den Krafteinleitungspunkten ist nicht möglich /14, 15, 16/. Textilien, die auf einer Fläche aufliegen oder bewegt werden, sind geometrisch instabil, da reibungsbedingte Dehnungen oder Faltenbildung nicht ausgeschlossen werden können.

Die Größe der Haltekräfte zwischen zwei Textillagen wird vor allem durch die Oberflächenstruktur der aufeinanderliegenden Textilien bestimmt /10/. Diese können sich bei Textilien mit ausgeprägter Hoch-/Tiefstruktur und damit verstärktem Ineinanderverhaken noch weiter erhöhen und dadurch das Vereinzeln erschweren. Bei Textilien, die in Stapeln übereinander gelagert werden, verhaken sich die Fasern beziehungsweise Härchen ineinander, was zu einer Erhöhung der Haftkraft führen kann /17, 18/. Je höher die Haftkraft ist, desto höhere Vereinzelungskräfte sind aufzubringen.

Weitere wichtige Merkmale, die Textilien charakterisieren, sind die Dicke, das Reflexionsverhalten sowie die Farbgebung, die je nach Mode von leuchtend bis blaß reichen kann. Dies ist insbesondere bei der sensorischen Erfassung zu berücksichtigen.

Textilteile die aus dem Zuschnitt kommen, haben in der Regel keine klar definierte Außenkontur. Dies bedeutet, daß an der Kontur Fäden oder Härchen abstehen können. Insbesondere bei unsauberen Schnitten ist mit einer gewissen Anzahl abstehender Fäden zu rechnen.

2.2.1.2 Verwendbarkeit von Materialparametern zur Maschineneinstellung

Zur Bestimmung der Materialmerkmale und -eigenschaften stehen einzelne Prüfeinrichtungen oder komplexe Prüfsysteme zur Verfügung. Bei einem System nach Kawabata /19/, das beispielsweise die exakte Bestimmung der Materialparameter sowie die Objektivierung des Griffgefühls zum Ziel hat, werden die Biegesteifigkeit, die Oberflächenrauhigkeit und das Erholungsvermögen nach einer Verformung in Folge getestet und somit objektive Kenndaten geliefert. Diese Daten gelten jedoch in der Fachwelt als nur bedingt reproduzierbar.

Zur Bestimmung weiterer Daten können die Textilien zusätzlich Einzelprüfungen unterzogen werden. So eignen sich beispielsweise eine einfache Waage zur Gewichtsbestimmung eines Probekörpers mit definierter Fläche und die Textiluhr nach Kretschmer zur Messung der Textildicke sowie zur Bestimmung der Luftdurchlässigkeit /13/.

Bis heute sind jedoch die Zusammenhänge zwischen Textilmerkmalen und deren Auswirkungen bei der Handhabung nicht vollständig bekannt /14, 15/, so daß in Abhängigkeit von der Art der Fertigungseinrichtung die relevanten Merkmale individuell ermittelt und deren Einfluß auf den jeweiligen Arbeitsschritt fallspezifisch untersucht werden müssen.

Es gibt kein Prüfverfahren oder -system, das alle handhabungsrelevanten Daten ermittelt und eine Zuordnung zu den Einstellparametern der Fertigungsanlagen vornimmt. Die existierenden Prüfverfahren nehmen häufig viel Zeit in Anspruch und arbeiten oftmals nicht zerstörungsfrei. Bei der Parametereinstellung an Fertigungsanlagen wird daher bis heute empirisch vorgegangen. Dies bedeutet, daß die Einstellungen der Maschinenfunktionen weitgehend von den individuellen Erfahrungen des Bedien- und Wartungspersonals abhängig sind.

2.2.2 Fertigungsschritte bei der Verarbeitung von textilen Materialien

Nahezu in allen Branchen, in denen Textilien verarbeitet werden, ist das Nähen der zentrale Fertigungsschritt. Vor dem Nähen werden die Textilrollen aus dem Lager kommend im Fertigungsbereich Zuschnitt entsprechend den geometrischen Vorgaben zugeschnitten und anschließend zur Montage beziehungsweise in den Versand weitergegeben.

Während beim Lagern und insbesondere beim Zuschneiden immer mehr die Rationalisierung der Fertigung durch den Einsatz automatischer Systeme (z. B. automatische Wareneingangskontrolle oder Zuschneideeinrichtung) zu beobachten ist, herrschen in der Näherei immer noch Fertigungsstrukturen mit einem hohen Anteil an manuellen Handhabungsaufgaben, wie z. B. Vereinzeln vom Stapel oder Positionieren der Teile unter der Nadel, vor /20, 21, 22/.

Innerhalb der verschiedenen Branchen wie der Automobil-, der Polstermöbel- oder der Bekleidungsindustrie kann die Näherei im allgemeinen in die drei Hauptfertigungsschritte Vorfertigung, Vormontage und Endmontage eingeteilt werden.

In der **Vorfertigung** erfolgen die ersten Bearbeitungsschritte an den Einzelteilen nach dem Zuschnitt. Hierbei handelt es sich in aller Regel um Arbeitsgänge, bei denen die einzelnen Teile für die sich anschließende Montage vorbereitet werden. Typische Teile sind hierbei flächige Textilien, bei denen beispielsweise Arbeitsgänge zur Sicherung der Schnittkante, zur Versteifung der Fläche oder zum Einbringen von Etiketten erfolgen.

Die Nähtechnik ist in der Vorfertigung (z. B. beim Umstechen an Einzelteilen mit unterschiedlichen Nähstichtypen und -maschinen /12, 23/), im Gegensatz zur Nähtechnik bei der Montage von Teilen, relativ einfach und wird bei der manuellen Fertigung normalerweise sicher beherrscht. Die Einstellung der Nähmaschine kann bei diesen Arbeitsgängen über einen langen Zeitraum konstant bleiben, so daß handelsübliche Nähmaschinen problemlos in ein automatisches System integriert werden können. Gerade hier bietet sich die Möglichkeit zur Automatisierung der zahlreichen manuellen Handhabungsvorgänge, da die Nähtechnik in der Vorfertigung als wichtiger Fertigungsschritt beherrscht wird.

Bei der **Vor-** und **Endmontage** werden zwei oder mehrere Einzelteile miteinander vernäht. Im Gegensatz zur **Vorfertigung** ist hierbei in vielen Fällen zur Formgebung der Teile das definierte Nähen notwendig, bei dem die Teile in genau festgelegten Abschnitten gedehnt oder gestaucht werden müssen. Hierbei finden in der Regel Nähmaschinen mit veränderbarem Mehrfachtransport Verwendung. Das definierte und kontrollierte Nähen als Basis für eine Automatisierung der Handhabungsvorgänge ist bisher noch nicht realisiert.

Die Ergebnisse einer durchgeführten Analyse bei 40 Firmen in der Bekleidungs-, Automobil- und Polsterindustrie über die Automatisierbarkeit der verschiedenen Hauptfertigungsschritte sind in *Bild 2* zusammenfassend dargestellt.

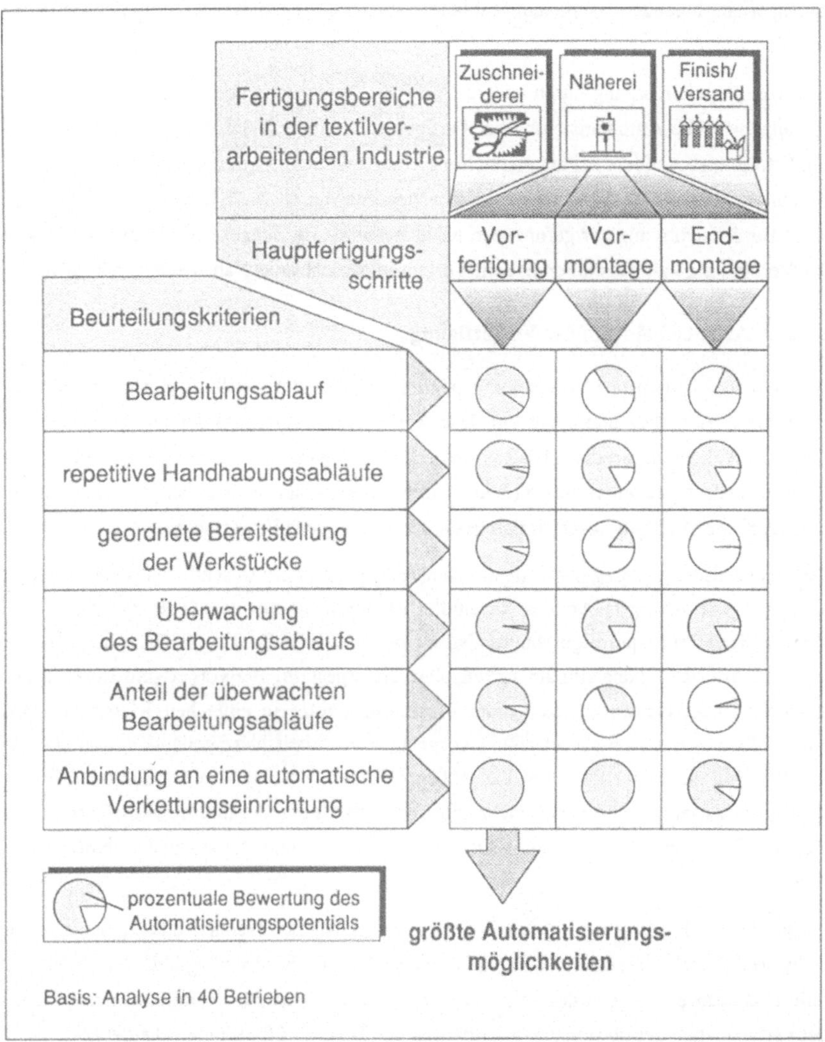

Bild 2: Beurteilung der Fertigungsbereiche innerhalb der Näherei im Hinblick auf die Möglichkeiten für eine Automatisierung

Die Analyse zeigt deutlich, daß nach Einschätzung der Befragten die Automatisierungsmöglichkeiten in der Vorfertigung am besten beurteilt werden. Insbesondere die Zuverlässigkeit des Nähens, die Möglichkeiten zur geordneten Bereitstellung sowie die sich häufig wiederholenden Handhabungsabläufe geben hier gegenüber der Vor- und Endmontage den Ausschlag.

Ansätze, den Nähvorgang durch andere Verfahren zu ersetzen und somit bessere Voraussetzungen für die Automatisierung der Fertigungsvorgänge zu schaffen, hatten bisher wenig Erfolg. Insbesondere bei der Herstellung von Kleidung gibt es bis heute trotz intensiver Bemühungen, das Nähen mit Faden durch andere Verfahren wie Kleben oder Schweißen - unter Berücksichtigung der geforderten Kriterien wie z. B. Tragekomfort oder Haltbarkeit der Verbindung - zu substituieren, kein Verfahren, welches das Nähen ersetzen könnte.

2.2.3 Arbeitsabläufe in der Vorfertigung

Der Arbeitsablauf in der Vorfertigung beginnt mit der Bereitstellung der unbearbeiteten Teile am Arbeitsplatz und endet mit dem Ablegen und Abführen der fertig bearbeiteten Teile. In Anlehnung an die VDI-Richtlinie 2860 /4/ wird der manuelle Gesamtablauf in mehrere Teilschritte untergliedert (*Bild 3*). Der Gesamtablauf ist unabhängig vom Bearbeitungsverfahren und gilt daher für den gesamten Bereich der Vorfertigung.

Die Art der Bereitstellung der Teile am Näharbeitsplatz ist im wesentlichen vom Zuschnitt abhängig. Die häufigste Art des Zuschnitts ist der Zuschnitt der Teile im Stapel /10/. Werden Teile im Stapel zugeschnitten, so werden sie meist als Bündel, flach liegend oder über einem Gestell hängend, am Arbeitsplatz bereitgestellt. Bei vorherigem Einzellagenzuschnitt findet die Bereitstellung der Einzelteile häufig in einfachen Klammern statt, sofern die Einzelteile nicht an einem vorgelagerten Arbeitsplatz gebündelt werden. Die Tendenz hin zu immer kleineren Losgrößen erfordert aus Gründen der Rationalisierung häufig das Zusammenlegen von mehreren Losen zu einem Gesamtlos (Stapel), sofern es sich um Teile handelt, die mit der gleichen Nähgarnsorte und -farbe genäht werden sollen /24/.

Aufgrund der Fingerfertigkeit des Bedienpersonals ist das Trennen und Abheben eines Teils vom Stapel (Vereinzeln) weitgehend unproblematisch, unabhängig davon, ob Einzelteile beispielsweise wegen des Schneideverfahrens im Zuschnitt im Randbereich ineinander verhakt sind oder ob sich die Orientierung der Teile im Stapel unterscheidet /25/.

Nach dem Vereinzeln erfolgt das Orientieren des Teils, d. h. dessen Ausrichtung am Nahtanfang, so daß auch die ersten Stiche parallel zur Teilekante genäht werden können. Gleichzeitig mit dem Orientieren erfolgt das Positionieren des Teils unter der Nadel. Bei diesem Vorgang liegen die Hände der Bedienperson flach auf dem Textilteil, um einen möglichst großen Bereich des Teils sicher zu führen. Kritischer Punkt ist hier bei nahezu allen Bearbeitungsvorgängen das Einschieben des Teils zwischen Untertransport und

Drückerfuß, da die Sicht auf das Textilteil im Nahtanfangsbereich teilweise durch den Drückerfuß (ca. 15 mm) verdeckt ist. Der Drückerfuß ist notwendig, um den Kraftschluß zwischen Textil und Untertransport zu sichern.

Treten beim Positioniervorgang Schwierigkeiten auf, etwa durch abstehende Ecken oder Kanten, so kann die Bedienperson durch den geschickten Einsatz der Finger sofort Korrekturen durchführen. Eine durchgeführte Analyse des Orientierungs- und Positionierungsvorganges zeigt, daß Teile, die mit einer Winkeltoleranz am Nahtanfang von ± 3 Grad orientiert und einer Positioniergenauigkeit des Textils unter der Nadel von ± 1 mm positioniert und genäht werden, ein gutes Nähergebnis aufweisen /26/.

Fertigungs-schritt	Beschreibung	Skizze	realisierter Automatisie-rungsgrad
Zuführen	Transport der geschnittenen Teile zur Bereitstellungsvorrichtung.		<5%
Bereitstellen	Textilteile in Reichweite einer Bedienperson oder eines Handhabungsgeräts an der Nähmaschine zur Verfügung stellen.		<3%
Vereinzeln und Greifen	Bei Anlieferung der Teile im Bündel oder Stapel, exakt ein Teil vom Reststapel/Bündel abnehmen.		<5%
Orientieren/ Positionieren	Das übergebene Textilteil entsprechend den festgelegten Anforderungen in einer bestimmten Orientierung unter die Nadel bringen, so daß der Nähvorgang gestartet werden kann.		<5%
Verbinden (Nähen)	Stichbildung mit Hilfe einer Nähmaschine und Transport des Nähguts während des Nähprozesses (Säumen, Kedern).		>95%
Ablegen	Genähtes Textilteil an ein feststehendes oder bewegliches Transporthilfsmittel übergeben.		>70%
Abführen	Transporthilfsmittel zu nachfolgenden Fertigungseinrichtungen / -bereichen transportieren.		<30%
Basis: Analyse in 40 Betrieben			

Bild 3: Analyse der Arbeitsschritte in der Vorfertigung

Nach erfolgter Positionierung wird die Nähmaschine gestartet und der Nähvorgang beginnt. Zusätzlich zum Untertransport der Nähmaschine führt die Bedienperson das Teil mit den Händen. In einigen Fällen ist ein Zusatztransport an der Nähmaschine angebracht, der das Teil synchron zur Nähgeschwindigkeit in Nährichtung bewegt.

Bei einigen Nähvorgängen kann sich die Geometrie beziehungsweise Kontur der Teile verändern. Ursachen hierfür sind das Schneidmesser, das abstehende Fäden - und in manchen Fällen im Randbereich auch Textil - abschneidet, die Krafteinwirkung durch die Transporteure und die Art des verwendeten Fadens (Sticheintrag ins Material) sowie die eingestellte Fadenspannung /27/. Die Größe der Teile spielt hier nur eine untergeordnete Rolle, so daß die Aussagen bezüglich des Nähvorganges für die Bearbeitung kürzerer Nähte (Bündchen, Knopfloch) ebenso gelten wie bei langen Nähten (Hosenteile, Naht an der Rückenlehne oder Sakko-Rückenteile).

Die Einstellung der Nähmaschinenparameter wie z. B. Stichlänge, Drückerfußdruck oder Fadenspannung erfolgt durch das Bedien- oder Wartungspersonal. Eine durchgeführte Analyse bei Firmen der Bekleidungsindustrie zeigt, daß im Gegensatz zur Montage gerade in der Vorfertigung die Nähmaschinenparameter während einer gesamten Saison kaum verändert werden.

Das bearbeitete Teil wird nach dem Nähen wieder an ein Transportmittel übergeben. Je nach Art des Transportmittels, wie z. B. einfacher Tisch, Bündelwagen oder Hängeförderer, werden die Teile in ungeordnetem oder teilgeordnetem Zustand abgeführt und an den nachfolgenden Arbeitsstationen bereitgestellt /28/.

2.2.4 Ansätze zur Automatisierung der Arbeitsabläufe in der Vorfertigung

Die ständig wechselnden Materialien, Größen und Modelle stellen in der Bekleidungsindustrie sowie in allen Branchen, in denen textile Werkstücke zu handhaben sind, hohe Anforderungen an die Flexibilität und Funktionssicherheit von automatischen und teilautomatischen Systemen. Diesen Anforderungen stehen die in *Bild 4* aufgeführten, bei einer Expertenbefragung am häufigsten genannten, Automatisierungshemmnisse in der Vorfertigung gegenüber.

Einige Forschungseinrichtungen sowie Hersteller von Nähmaschinen haben es sich daher zur Aufgabe gemacht, einzelne Arbeitsschritte wie das Greifen oder Orientieren der Teile, das Verketten einzelner Arbeitsplätze, z. B. Zuschneidetisch mit den Arbeitsplätzen in der Vorfertigung, sowie den gesamten Produktionsprozeß zu automatisieren /10/. Die wesentlichen Ergebnisse werden in den folgenden Kapiteln analysiert.

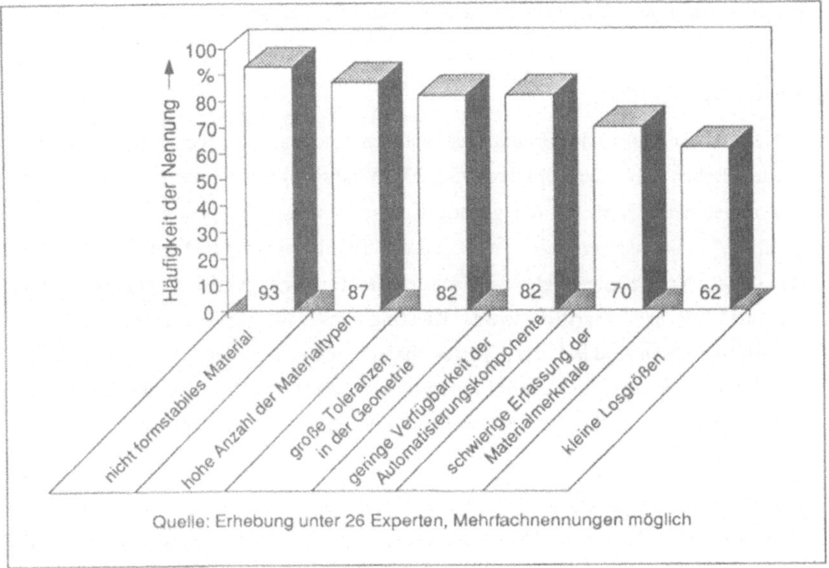

Bild 4: Automatisierungshemmnisse in der Vorfertigung

2.2.4.1 Automatisierungskomponenten

Eine Unterteilung des Arbeitsinhaltes an einem Arbeitsplatz in einzelne Arbeitsschritte ermöglicht eine Gegenüberstellung der verfügbaren Systemkomponenten und deren bisher erzielten Automatisierungsgrad. Bei den analysierten Automatisierungskomponenten handelt es sich sowohl um Stand-alone Komponenten als auch um Komponenten, die in automatischen Nähanlagen integriert sind.

❑ Zuführen und Bereitstellen

Eine automatische, geordnete Zuführung und Bereitstellung der Textilien einzeln oder als Bündel wurde bisher noch nicht realisiert. Hauptgrund hierfür ist, daß die Erkennung der Position und Orientierung der Teile nicht möglich ist, da beispielsweise Ecken umschlagen, Faltenbildung erfolgt oder die Teile sich so sehr verschieben, daß ein Vereinzeln unmöglich wird.

Bis heute gibt es noch keine zuverlässig arbeitenden Systeme, welche die geschnittenen Teile eines Stapels beim Mehrlagenzuschnitt vom Zuschneidetisch automatisch abnehmen und in definierter Orientierung an ein Transportsystem übergeben /29/. Aus diesem Grund werden bei allen manuellen, teilautomatischen oder automatischen Nähsystemen die zu bearbeitenden Teile grundsätzlich manuell im Stapel bereitgestellt und nur in einigen wenigen Anwendungsbereichen auch automatisch vereinzelt und gegriffen.

- Vereinzeln und Greifen

Die zum Vereinzeln und Greifen verwendeten Systeme mit mechanischen /17, 30/, pneumatischen /31/ oder adhäsiven /32, 33/ Wirkprinzipien erfordern zur Justage bei unterschiedlichen Textilien die genaue Kenntnis der Materialparameter. Bei Nadelgreifern /17/ ist beispielsweise die Dicke des Textils, wichtigste Kenngröße zur Einstellung der Nadeleinstechtiefe, da ansonsten das Teil nicht gegriffen oder das darunter liegende Teil mit gegriffen wird. Klemmgreifer /34/ werden entsprechend der Oberflächenstruktur oder der Verformbarkeit der Textilien wie alle anderen Greifertypen manuell eingestellt. Zusätzlich zu diesen Werten ist der Einfluß der Haftkräfte zwischen dem zu vereinzelnden und dem darunter liegenden Teil mit zu berücksichtigen.

Alle Systeme beinhalten jedoch eine Vielzahl von potentiellen Störquellen, deren Fehlerursachen häufig im Aneinanderhaften der Teile an den Schnittkanten beziehungsweise an der gesamten Fläche /10, 35/, der Beschädigung oberflächenempfindlicher Teile oder in der geringen Biegesteifigkeit, insbesondere bei dünnen Textilien (<1 mm), liegen /36/. Eine Kontrolle ob ein oder mehrere Teile gegriffen wurden wird nicht durchgeführt.

Die Greifsysteme sind an einfachen Vorrichtungen oder an Handhabungssystemen angeflanscht. Dadurch kann das Greifsystem auf das oberste Teil eines Stapels abgesenkt werden und nach dem Greifvorgang das gegriffenen Teil an nachfolgende Einrichtungen übergeben.

- Orientieren und Positionieren

Voraussetzung für das automatische Orientieren und Positionieren ist, daß sich die Geometrie beziehungsweise äußere Kontur der Teile während dieser Vorgänge nicht verändert. Verfahren, die Materialien für die Zeitdauer dieser Vorgänge vollständig oder partiell zu versteifen (beispielsweise durch chemische Substanzen) und anschließend wieder in ihren Urzustand zurückzuführen, sind nicht verfügbar /37/. Es kommen daher Orientierungseinrichtungen zum Einsatz, welche die Teile ganzflächig führen, um so die Veränderungen der Kontur während des Positioniervorgangs zu verhindern /38/.

Zur Erfassung der jeweils bearbeitungsrelevanten Außenkontur und des Nahtanfangs sowie zum Positionieren der Teile werden aufwendige Bildverarbeitungssysteme in Verbindung mit Handhabungssystemen /39, 40/ oder Systeme mit xy-Tischen und entsprechender Sensorik zur ganzflächigen Orientierung verwendet /34/, die manuell auf die jeweiligen Textilien eingestellt werden.

Werden die Teile schon an vorgelagerten Arbeitsplätzen vereinzelt und orientiert, übernehmen einfache Vorrichtungen wie z. B. Linearachsen mit festen Anschlägen das Positionieren der Teile bis direkt unter die Nadel, wobei es sich bei den Bewegungen um starre, nicht programmierbare Abläufe handelt /41/.

Für ein gutes Nähergebnis müssen die Teile beim Orientieren und Positionieren mit einer Winkeltoleranz von ± 3 Grad und einer Positioniergenauigkeit von ± 1 mm unter die Nadel gebracht werden /26/.

- Nähen

Bei der Massenkonfektion erfolgt das Nähen in der Vorfertigung weitgehend automatisch. Dies bedeutet, daß Einzelteile, sofern sich bei Nähstart der Nahtanfang unter der Nadel befindet, von Anfang bis Ende ohne manuelle Unterstützung genäht werden. Hierbei kommen unter anderem Nähmaschinen mit unterschiedlichem Stichtyp und diversen Zusatzeinrichtungen zur Anwendung. Insbesondere bei großflächigen Teilen unterstützen Luftdüsen, Riemen oder Rollen /10/ den Transport des Nähgutes, um so ein optimales Nähergebnis zu erzielen. In aller Regel sind die auf dem Markt befindlichen Nähmaschinen für die Vorfertigung flexibel bezüglich unterschiedlichen Materialmerkmalen und unterschiedlichem -verhalten, wobei auch hier die einmal ermittelten Einstellparameter während einer Saison kaum verändert werden.

- Ablegen und Abführen

Zum Ablegen und Abführen der bearbeiteten Teile stehen verschiedene automatische Lösungen zur Verfügung. Diese reichen von einfachen Staplern über Einrichtungen, die mittels einer einfachen Vorrichtung die Teile in eine Klammer einlegen /42/ bis zu Handhabungseinrichtungen, die das Teil greifen und an ein Transportsystem übergeben /43/. Für die automatische Verkettung einzelner Arbeitsstationen werden überwiegend Hängefördersysteme mit manuell zu bedienenden Klammern verwendet /44/. Diese Einrichtungen sind in aller Regel sehr flexibel hinsichtlich Materialart und Form. Sie transportieren die Teile jeweils einzeln und stellen sie an den gewünschten Bearbeitungsstationen zur Verfügung. Dort müssen die Teile erneut vereinzelt oder orientiert werden. Weiter existieren auch Lösungen, bei denen die an einer Seite bearbeiteten Teile über eine starre Verschiebeeinrichtung an nachfolgende Bearbeitungseinrichtungen übergeben werden, um die übrigen Seiten zu bearbeiten.

Unabhängig vom Automatisierungsgrad der Einrichtungen gelangen die Teile nach dem Nähen im ungeordneten Zustand zu den nachfolgenden Bearbeitungsstationen.

2.2.4.2 Teil- und vollautomatische Nähanlagen

Voraussetzung für alle automatischen Nähanlagen ist die definierte Bereitstellung der Werkstücke beziehungsweise die Möglichkeit zur Erkennung der Position und Orientierung der bereitgestellten Werkstücke /25/.

Bei teilautomatischen Anlagen ist die Art der Bereitstellung von untergeordneter Bedeutung, da hier die Bedienperson in aller Regel die Vereinzelung der Teile vornimmt. Bei derartigen Anlagen werden die Teile manuell orientiert und unter der Nadel positioniert. Danach erfolgt der automatische Nähvorgang. Die Abnahme der Teile wird mit automatischen Stapeleinrichtungen durchgeführt.

In der Vorfertigung werden beispielsweise in einigen Fällen mehrere Nähmaschinen hintereinander beziehungsweise nebeneinander gestellt, um an einem Teil zwei oder drei Seiten in direkter Folge zu nähen /45/. In diesen Fällen übernimmt eine starre Vorrichtung das Teil nach dem Nähen einer Seite an der ersten Nähmaschine und positioniert es unter der Nadel der nachfolgenden Nähmaschine. Eine erneute Orientierung mit Hilfe von Sensoren ist hierbei nicht notwendig, da die Teile nach dem Nähen der ersten Naht immer in derselben Orientierung übernommen werden können.

In der Praxis sind automatisch arbeitende Näheinrichtungen auf die Verarbeitung von Teilen einer bestimmten Textilart und Geometrie (vor allem kleine Teile wie z. B. Taschen) beschränkt. Größere Teile wie z. B. Hosen- und Rockteile werden aufgrund der schwierigen Handhabungsvorgänge und fehlenden -komponenten manuell oder allenfalls teilautomatisch gefertigt. Gerade hier verhindern die spezifischen Eigenschaften des zu verarbeitenden Materials und die Vielfältigkeit des Materialspektrums eine vollständige Automatisierung einzelner Arbeitsplätze.

Bild 5 gibt einen Überblick über die auf dem Markt erhältlichen voll- und teilautomatischen Nähanlagen in Europa. Die Zykluszeit für den gesamten Ablauf vom Vereinzeln bis zum Ablegen liegt bei mehr als 10 Sekunden. Aussagen über die Zuverlässigkeit der Systeme, liegen je nach Automatisierungsgrad bis nahe 100 %. Diese Aussagen beziehen sich in der Regel jedoch nur auf eine Materialart wie beispielsweise Denim bei der die Anlagen wirtschaftlich arbeiten. Materialstapel mit unterschiedlichen Materialien und Geometrien können im allgemeinen nicht verarbeitet werden, da sich die Greifeinrichtungen nicht automatisch an das zu verarbeitende Materialspektrum anpassen und die Positioniereinrichtung normalerweise nur starre Bewegungsabläufe ermöglicht. Hierdurch ist eine Fehlerkorrektur bei Geometrieabweichung durch den Zuschnitt nicht möglich. Beim Ablegen verlieren die Teile ihren bei der Bearbeitung erzielten Ordnungszustand.

Hersteller	Werkstückgröße	Gesamtablauf		Greifeinheit einstellbar		Positioniervorrichtung		Automat. Nähen	Ablegen		Materialwechsel
	[mm x mm]	vollautomatisch	teilautomatisch	automatisch	manuell	flexibel	starr		geordnet	ungeordnet	
Beisler Goldbach/D	180x250	●	○	○	●	○	●	●	○	●	○
Dürrkop-Adler Bielefeld/D	150x450	○	●	○	●	○	●	●	○	●	○
Juki (Europe) Hamburg/D	1500x500	●	○	○	●	●	○	●	○	●	○
Necchi Pavia/I	150x400	●	○	○	●	○	●	●	○	●	○
Pfaff K'lautern/D	160x300	○	●	○	●	○	●	●	○	●	○
Rimoldi Mailand/I	240x440	○	●	○	●	○	●	●	○	●	○
Schips Tubach/CH	250x450	○	●	○	●	○	●	●	○	●	○
Union Special Stuttgart/D	200x250	○	●	○	●	○	●	●	○	●	○

● ja ○ nein

Bild 5: Analyse der auf dem Markt erhältlichen Nähanlagen in Europa (Stand 1993)

Bei der Analyse der automatischen Systeme wird weiter ersichtlich, daß gemeinsame, eindeutig definierte mechanische oder steuerungstechnische Schnittstellen nicht existieren /46/. Peripheriekomponenten wie z. B. Zusatztransporte oder Bereitstellungseinrichtungen sind immer herstellerspezifisch gefertigt und können nur mit einem großen Anpassungsaufwand in Systeme anderer Hersteller integriert werden.

3 Entwicklungsschwerpunkte

3.1 Folgerungen aus der Analyse des Standes der Technik

Die Analyse des Standes der Technik zeigt, daß vollautomatische Systeme in der Vorfertigung (Vereinzeln, Orientieren und Positionieren, Nähen sowie Übergeben an eine Transportvorrichtung) zur Bearbeitung von flächigen Textilien in der Praxis jeweils nur für ein eng eingegrenztes Produktspektrum Verwendung finden. Die Prozeßtechnik, d. h. im Regelfall das Nähen mit unterschiedlichen Nähmaschinentypen und -größen, ist ausgereift und ohne hohen Anpassungsaufwand in automatische Systeme integrierbar. Im Bereich der automatischen Handhabung, sind jedoch aufgrund der vielseitigen Anforderungen, die aus den unterschiedlichen Merkmalen und Eigenschaften der zu bearbeitenden Textilteile entstehen, noch große Automatisierungslücken zu schließen. Zwar existieren Prototypen und Funktionsmodelle für Teilbereiche, die sich aber bis heute in der Praxis nicht durchsetzen konnten /1, 34, 40, 41, 47, 48/. Dies liegt vor allem an der mangelnden Flexibilität und Zuverlässigkeit der verschiedenen Komponenten. Diese sind häufig nur für ein eng begrenztes Teilespektrum mit gleichbleibender Geometrie oder Materialart einsetzbar, wie sie vereinzelt in der Hemden-, Jeans- oder Kopfstützenfertigung anzutreffen sind.

❑ Zuführen und Bereitstellen

Systeme, die geschnittene Textilteile im geordneten Zustand automatisch zuführen und an den Arbeitsstationen bereitstellen gibt es nicht. Eine Automatisierung dieser Arbeitsschritte ist wenig sinnvoll, da es bisher keine Vorrichtungen gibt, welche die geschnittenen Textilien automatisch und in geordnetem Zustand vom Zuschneidetisch abnehmen und an ein geeignetes Transportsystem übergeben können.

❑ Vereinzeln und Greifen

Entwicklungsdefizite sind vor allem im Bereich des Greifens und Vereinzelns erkennbar. Zum einen gibt es eine große Anzahl von unterschiedlichen Greifertypen, die jeweils nur spezifisch auf das zu bearbeitende Produktspektrum abgestimmt sind. Zum anderen existieren Greifer, die in engen Grenzen auf unterschiedliche Materialien oder Größen manuell einstellbar sind. Hierbei sind die Einstellparameter jedoch zuerst für die einzelnen Textilien empirisch zu ermitteln, da eine exakte Zuordnung der Einstellparameter zu den Materialparametern bisher allenfalls in Ansätzen existiert.

Die Umstellung der Greifer auf das zu bearbeitende Produktspektrum erfolgt daher manuell, wodurch das automatische Greifen und Vereinzeln von im Stapel gemischt angelieferten Textilien nicht durchführbar ist. Eine hohe Flexibilität bezüglich unterschiedlicher Materialarten und -merkmale sowie die automatische Einstellung derartiger Komponenten ist jedoch gerade bei deren Verwendung in vollautomatischen Nähanlagen unabdingbar.

- Orientieren und Positionieren

Im Bereich des Orientierens und Positionierens von Textilien sind aufwendige Lösungen wie z. B Positioniersysteme mit Bildverarbeitung vorhanden, die für Werkstücke mit komplexer Geometrie durchaus ihre Berechtigung haben. Für den überwiegenden Teil der Textilteile, die eine einfache Geometrie mit häufig geraden Kanten aufweisen sind diese Lösungen jedoch zu kompliziert und somit für einen Einsatz in der Praxis zu teuer. Einfachere bestehende Systeme sind aus Gründen der mangelnden Flexibilität und der fehlenden Möglichkeit zur Kontrolle der Orientierungs- und Positioniervorgänge ebenfalls nicht für eine industrielle Anwendung geeignet.

- Nähen

Das Nähen von Textilien in der Vorfertigung ist weitgehend gelöst. Die Einstellungen der Nähmaschinenparameter werden einmal vorgenommen und müssen nur in großen Zeitabständen nachjustiert werden. Diese Einstellungen können in der Regel beim Nähen der unterschiedlichen Textilien innerhalb eines Betriebes ohne Änderungen beibehalten werden.

- Ablegen und Abführen

Für das Ablegen der genähten Teile werden unterschiedliche Systeme eingesetzt, die das Teil nach dem Nähvorgang automatisch ablegen und in einigen Fällen auch automatisch zu nachgelagerten Arbeitsstationen transportieren. Allen Systemen gemeinsam ist jedoch die Tatsache, daß der während des Nähens erzielte Ordnungsgrad nicht aufrecht erhalten wird und somit an nachfolgenden Arbeitsplätzen der notwendige Ordnungszustand erneut wieder hergestellt werden muß.

Dies widerspricht jedoch der generellen Automatisierungsregel, die besagt, daß ein einmal erreichter Ordnungszustand so lange wie möglich aufrecht zu erhalten ist, um diesen an nachfolgenden Arbeitsplätzen weiter zu nutzen und dadurch den Geräteaufwand zu verringern /25/.

Eine Beurteilung des Automatisierungsgrades der handelsüblichen Systemkomponenten für die unterschiedlichen Fertigungsschritte innerhalb der Vorfertigung zeigt *Bild 6*.

Ein weiterer Schwachpunkt neben der mangelnden Flexibilität der Komponenten sind die fehlenden Kontrolleinrichtungen für die Funktionen der Teilkomponenten, wodurch Fehler nicht erkannt werden und die Verfügbarkeit der Systeme sinkt. Weiter sind die Gesamtsysteme nicht modular aufgebaut. Es stehen nur Anlagen beziehungsweise Teilkomponenten zur Verfügung, die bei Veränderung der Fertigungsumgebungen und -bedingungen nicht oder nur mit großem Aufwand erweiterbar und wiederverwendbar sind.

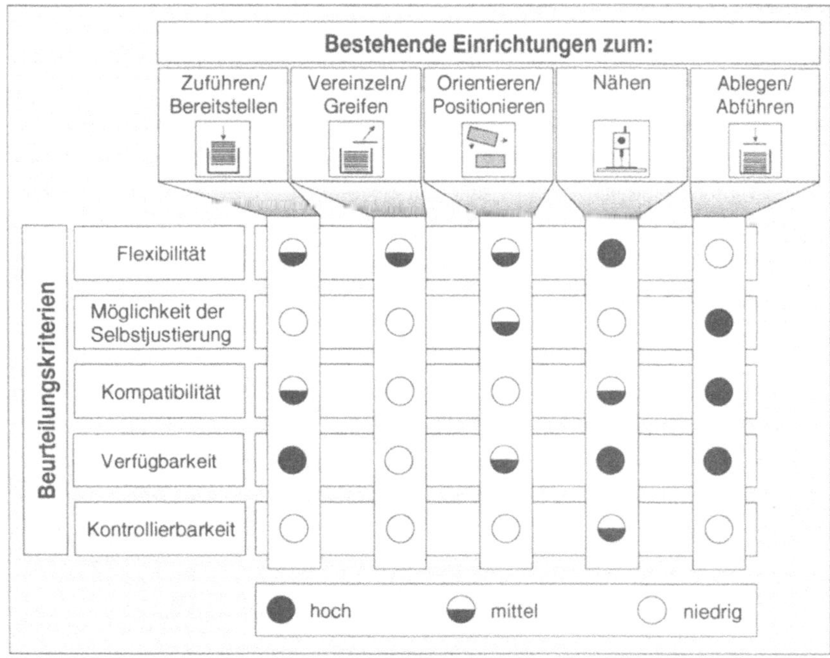

Bild 6: ***Beurteilung der Systemkomponenten in der Vorfertigung hinsichtlich des bestehenden Automatisierungsgrades***

Für die Auswahl von Teilsystemen stehen einzelne Leitlinien zur Verfügung, die jedoch nur für ein genau spezifizierbares Produktspektrum geeignet sind. Generell fehlen Leitlinien, die in Abhängigkeit von z. B. vorgelagerten Arbeitsschritten oder den Materialeigenschaften des zu fertigenden Produktspektrums den Anwender bei der Auswahl der optimalen Kombinationsmöglichkeiten der Teilsysteme zu einer Gesamtanlage unterstützen. Für bereits bestehende Anlagen fehlen ebenfalls Leitlinien, die den Anwender sukzessiv bei der Erhöhung des Automatisierungs- und Flexibilitätsgrades unterstützen.

3.2 Ableitung von Entwicklungsschwerpunkten

Aus den Folgerungen der Analyse des Standes der Technik wird ersichtlich, daß die heute zu Verfügung stehenden Handhabungssysteme und Teilkomponenten nicht den Anforderungen einer vollautomatischen, flexiblen Fertigung genügen.

Für die einzelnen Teilfunktionen sind daher neue beziehungsweise funktionserweiterte Komponenten erforderlich, die den Anforderungen einer flexiblen Fertigung im Hinblick auf Material- und Geometrievarianz bei einer hohen Zuverlässigkeit gerecht werden /49/. Es sind daher flexible, selbstjustierende Komponenten zu entwickeln, so daß aufwendige Untersuchungen zur Ermittlung der Materialkennwerte und der zugehörigen Einstellparameter zukünftig entfallen.

Es sind für mehrere Arbeitsschritte beziehungsweise Teilkomponenten Neu- oder Weiterentwicklungen notwendig, die im folgenden näher erläutert sind:

- Vereinzeln und Greifen

  Für die Entwicklung von Komponenten zum Greifen und Vereinzeln ist die Ermittlung geeigneter Wirkprinzipien für den Einsatz in flexibel automatisierten Nähanlagen erforderlich. Ein daraus abgeleitetes Greif- und Vereinzelungskonzept soll es ermöglichen, bei jedem Vorgang jeweils nur genau ein Teil vom Stapel abzuheben. Die Grundlagen für dieses Konzept sind theoretisch herzuleiten und durch entsprechende Versuche bzw. Bewegungsstudien an einem Modellaufbau zu verifizieren.

  Eine hohe Flexibilität bezüglich des Materialspektrums soll das Wechseln von Greifern vermeiden beziehungsweise den Einstellaufwand minimieren. Zur Erhöhung der Zuverlässigkeit ist eine Kontrolle des Greifvorgangs vorzusehen.

  In Abhängigkeit vom entwickelten Greifkonzept ist eine Bereitstellungseinrichtung erforderlich, die die Teile in der geforderten Weise an der Greifposition zur Verfügung stellt.

- Orientieren und Positionieren

  Die Verwendung von Konstruktionsdaten des Zuschnitts zur Positionierung der Teile ist hier nicht ausreichend, da die Toleranzen des Zuschnitts zu hoch sind und Einflüsse wie beispielsweise Feuchtigkeit oder Flächenpressung während des Transports oder Lagerns die Geometrie der Teile verändern können.

  Für diesen Bereich sind Orientierungs- und Positionierprinzipien abzuleiten, geeignete Orientierungs- und Positionierstrategie zu erarbeiten und Funktionsmodule zu entwickeln, um die Textilien entsprechend ihrer Kontur am Nahtanfang zu orientieren und unter der Nadel zu positionieren. Hierzu müssen Versuche durchgeführt werden, um das

Verhalten der Textilteile während des Orientierens und Positionierens bezüglich der Veränderung der Geometrie zu untersuchen. Der Schwerpunkt liegt hierbei entsprechend den Bedürfnissen in der Praxis auf dem Orientieren von Teilen mit einfacher Geometrie.

Neben Einrichtungen zur Handhabung beziehungsweise dem Bewegen der Teile, ist ein kostengünstiges und einfaches System zur Erkennung der Geometrie erforderlich, das unabhängig von den unterschiedlichen Materialmerkmalen (z. B. Farbe, Oberflächenstruktur oder Dicke) reproduzierbare Werte liefert.

- Ablegen und Abführen

  Nach dem Bearbeiten der Textilteile müssen diese sicher an die nachfolgenden Arbeitsplätze transportiert werden. Hierzu ist eine Einrichtung erforderlich, die automatisch das Teil übernimmt und an ein Transportsystem übergibt. Im Hinblick auf eine automatische Verkettung der verschiedenen Arbeitsplätze ist es unabdingbar, den Ordnungsgrad der Teile so weit wie möglich aufrecht zu erhalten. Dadurch wird der Aufwand zur Orientierung und Positionierung der Teile an den nachfolgenden Arbeitsplätzen auf ein Mindestmaß reduziert, beziehungsweise kann sich auf reine Kontrollfunktionen beschränken.

Die entwickelten Prinzipien bzw. Konstruktionen sind in Versuchen hinsichtlich ihres Flexibilitätsgrades sowie ihrer Verfügbarkeit zu untersuchen, da einige Merkmale, wie z. B. Reflexion oder elektrostatisches Verhalten nicht oder nur lückenhaft quantifizierbar sind und daher in einer theoretischen Untersuchung nicht berücksichtigt werden können.

Zusätzlich zur Entwicklung der Komponenten sind Leitlinien für den Aufbau einer automatischen Nähanlage abzuleiten, die das zu verarbeitende Produktspektrum sowie existierende Fertigungseinrichtungen berücksichtigen. Diese Leitlinien sollen den Anwender bei der Auswahl und Kombination der zur Durchführung einer Nähaufgabe notwendigen Komponenten bis hin zur Realisierung einer flexibel automatisierten Nähanlage unterstützen. Zusätzlich sollen die Leitlinien Hilfestellung bei der schrittweisen Flexibilisierung und Automatisierung bereits bestehender teilautomatischer Nähanlagen geben.

3.3 Anforderungen an flexibel automatisierte Nähanlagen und deren Teilkomponenten

Für die zu entwickelnden Komponenten einer flexibel automatisierten Nähanlage in der Vorfertigung sind die im folgenden als Lastenheft zusammengefaßten Anforderungen zu erfüllen. Hierbei werden sowohl die Anforderungen im Hinblick auf die Gesamtanlage als auch bezüglich der zu entwickelnden Einzelkomponenten dargestellt.

Anforderungen an die Gesamtanlage

Die Anforderungen an die Gesamtanlage bilden den Rahmen für die Entwicklung der Teilkomponenten für automatisierte Nähanlagen und berücksichtigen die Kompatibilität der Systeme. Die Wechselbeziehungen zu Bereichen außerhalb der Systemgrenzen z. B. zu weiteren Bearbeitungsstationen oder zu Bedienpersonen fließen ebenfalls in die Anforderungen mit ein. Im einzelnen sind dies:

- Verarbeitung von bis zu 1 mm dicken Textilien.
- Automatischer Ablauf aller Funktionen mit einer Gesamtbearbeitungszeit von weniger als 10 Sekunden.
- Modularer Aufbau der Teilkomponenten.
- Verkettungsfähigkeit in bestehende und zukünftige Fertigungsstrukturen.
- Hohe Verfügbarkeit (> 98%) bei großer Flexibilität.
- Automatische Kontrolle aller Teilfunktionen.
- Kurze Rüst- und Nebenzeiten.

Anforderungen an die Teilkomponenten

Die im folgenden aufgeführten Anforderungen beziehen sich auf die entsprechenden Teilfunktionen für die neu zu konzipierenden Komponenten:

Vereinzelungs- und Greifeinheit

- Sicheres Vereinzeln eines Teils vom Stapel, wobei der Stapel aus gleichen oder unterschiedlichen Materialarten aufgebaut sein kann.
- Greifen des vereinzelten Teils und Kontrolle, ob das Teil richtig gegriffen wurde.
- Trennung der gesamten Teilefläche vom Restteilestapel, sofern ein Verfahren angewendet wird, das die Teile zuerst nur im Randbereich greift.

- Automatische Umstellung auf unterschiedliche Materialarten, um bei rasch wechselndem Teilespektrum manuelle Einrichtarbeiten und aufwendige Tests zur Bestimmung der Materialmerkmale zu minimieren.
- Zerstörungsfreie Wirkungsweise, um oberflächenempfindliche Textilien ebenfalls vereinzeln zu können.

Orientierungs- und Positioniereinheit

- Erfassung der Teilekontur am Nahtanfang als Voraussetzung für das Orientieren und Positionieren.
- Orientieren des Teils mit einer einfachen geometrischen Form am Nahtanfang mit einer Winkeltoleranz kleiner ± 3 Grad, um einen sauberen, zur Teilekontur parallel verlaufenden Nahtanfang zu erhalten.
- Positionieren des Nahtanfangs mit einer Toleranz kleiner ± 1 mm unter der Nadel der Nähmaschine, um bei Nähbeginn sofort einen Sticheintrag ins Material zu erzielen.
- Kontrolle des Orientierungs- und Positioniervorganges zur Vermeidung von fehlerhaften Nähten.
- Sichern des Teils während des Orientierens und Positionierens zur Vermeidung von Geometrieveränderungen wie beispielsweise Umschlagen der Ecken oder Faltenbildung.

Ablege- und Abführeinheit

- Sichere Aufnahme des genähten Teils, damit das Teil während des Transportes seine Position und Orientierung in einem Transport- oder Transporthilfsmittel nicht verändert.
- Aufrechterhalten eines hohen Ordnungsgrades beim Ablegen, um den Aufwand zum Vereinzeln und Orientieren an nachgelagerten Fertigungseinrichtungen zu minimieren.
- Möglichkeit zur Anbindung an handelsübliche Transportsysteme wie z. B. Hängeförderanlagen oder Förderbänder.

4 Konzeption und Entwicklung einer Vereinzelungs- und Greifeinrichtung

4.1 Untersuchung der Flexibilität existierender Vorrichtungen zum Vereinzeln und Greifen

Für das Greifen und Vereinzeln von Textilteilen kommen zwei grundsätzlich unterschiedliche Strategien in Betracht. Zum einen das ganzflächige und zum anderen das partielle Greifen. Bei großen Werkstücken mit unterschiedlicher Kontur scheiden Greifer zum ganzflächigen Greifen aufgrund der großen Abmessungen und des zu erwartenden hohen Anpassungsaufwandes an die Geometrie der Gesamtfläche aus. Hier sind Greifer für das partielle Greifen besser geeignet, die das Teil im Randbereich zuerst von den darunterliegenden Teilen lösen und dann vollständig vom Restteilestapel trennen.

Für das partielle Greifen lassen sich die in *Bild 7* dargestellten Abhebestrategien ableiten. Dabei muß das partiell gegriffene und gelöste Textil vollständig vom Restteilestapel getrennt werden, ohne daß die darunter liegenden Teile verschoben oder ebenfalls mit angehoben werden.

Aus der Bewertung der unterschiedlichen Abhebestrategien wird ersichtlich, daß das Vereinzeln und Abheben eines Teils im Randbereich, mit anschließender Trennung vom Restteilestapel durch eine horizontal angeordnete Trenneinheit, am besten geeignet ist.

Voraussetzung für das Vereinzeln des Teils im Randbereich ist die Herstellung einer Verbindung zwischen dem Teil und der Greifeinheit. Es wird hierbei zwischen

- ❑ adhäsiven Wirkprinzipien,
- ❑ mechanischen Wirkprinzipien und
- ❑ pneumatischen Wirkprinzipien

unterschieden.

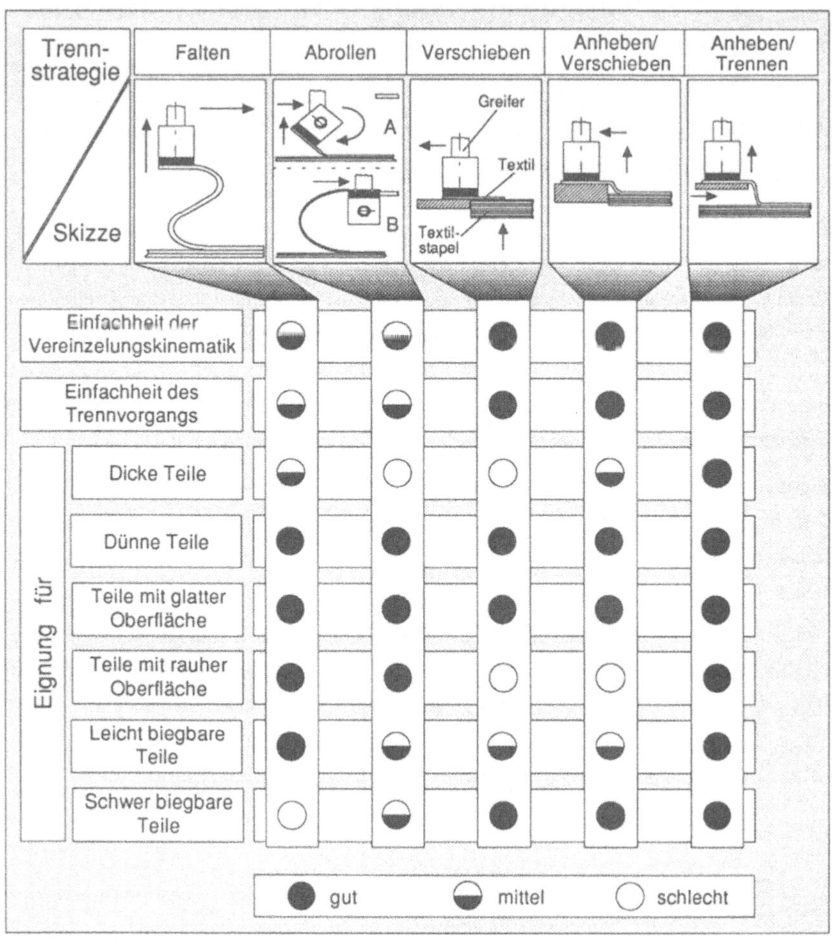

Bild 7: ***Strategien zum Trennen eines vereinzelten Teils vom Restteilestapel***

Aus den drei Gruppen von Wirkprinzipien werden jeweils repräsentative Greiferbauformen ausgesucht (*Bild 8*) und anhand eines Produktspektrums mit großer Bandbreite hinsichtlich ihres Flexibilitätspotentials untersucht. Die erstmalig durchgeführte Untersuchung liefert die Basis für die Neu- bzw. Weiterentwicklung einer flexiblen Vereinzelungs- und Greifeinheit.

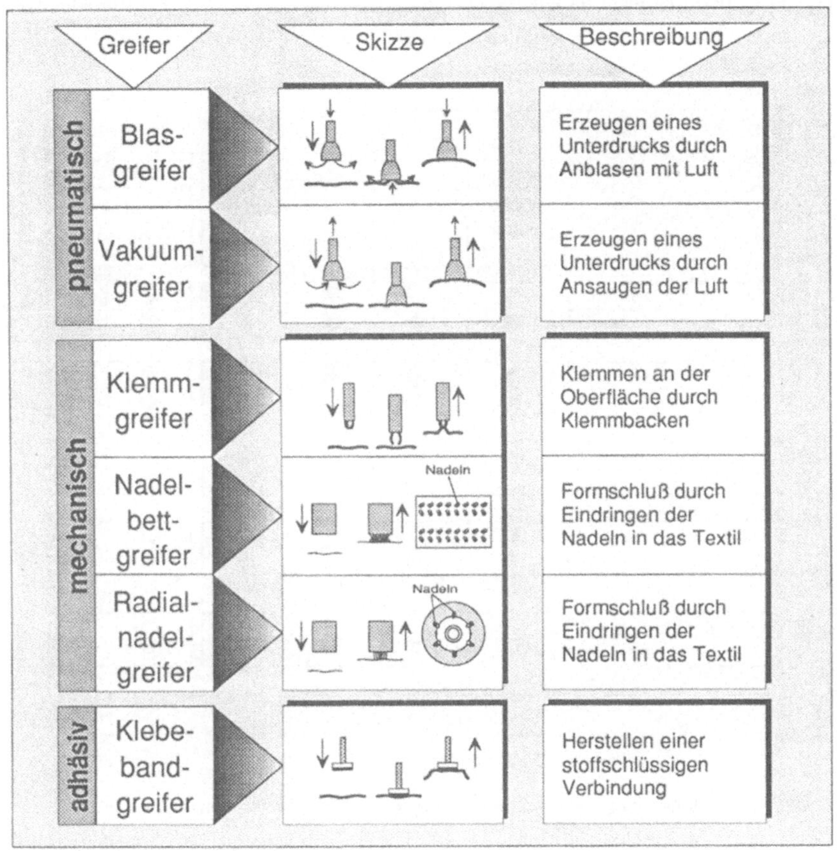

Bild 8: Wirkprinzipien und Greiferbauformen

Zur Bewertung der einzelnen Greiferbauformen hinsichtlich ihrer Eignung zum Aufbau einer flexiblen Vereinzelungs- und Greifeinheit wurden für ein breites Materialspektrum Untersuchungen durchgeführt. Die Ergebnisse zeigt *Bild 9*.

Bei adhäsiven Wirkprinzipien ist die Auswahl und Abstimmung der Adhäsivstoffe auf unterschiedliche Materialien äußerst kompliziert. Insbesondere dann, wenn sich die beiden Teile nach dem Greifen wieder rückstandsfrei voneinander trennen müssen. Die durchgeführten Versuche haben gezeigt, daß einerseits die Textilien wegen zu geringer Klebewirkung nicht angehoben werden können und andererseits Rückstände von Klebstoff an einigen Materialien haften bleiben. Die automatische Herstellung eines idealen Klebstoffes aus mehreren Einzelkomponenten entsprechend den jeweiligen Anforderungen durch das Textil ist nicht möglich. Hierzu fehlen geeignete Methoden und Einrichtungen zur On-line-Ermittlung der jeweiligen Zusammensetzung.

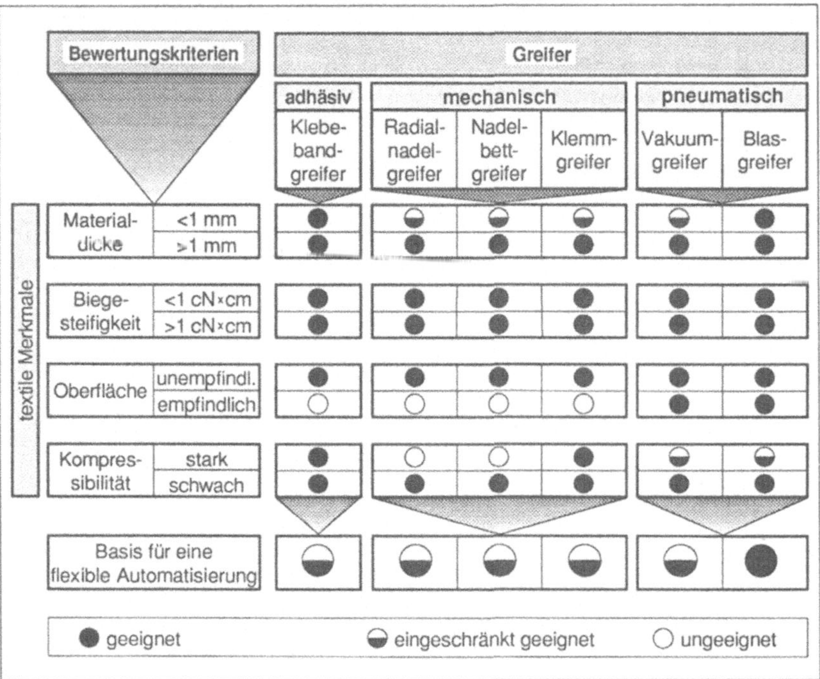

Bild 9: Untersuchungsergebnisse der unterschiedlichen Wirkprinzipien

Mechanische Wirkprinzipien werden vielfältig bei Greifern verwendet. Hinsichtlich einer Flexibilisierung ist der Nadelgreifer am besten geeignet, da hier schon durch die manuell einstellbare Eindringtiefe der Nadeln den Eigenschaften und Kenngrößen unterschiedlicher Materialien Rechnung getragen wird. Beim Greifvorgang dringen die Nadeln in das Textil ein, bis eine formschlüssige Verbindung hergestellt ist.

Eine automatische Einstellung der Nadeleindringtiefe würde den Einsatz in flexiblen, automatischen Systemen auch ohne exakte Kenntnis der Materialparameter erlauben. Dies bedingt jedoch eine Regelung der Eindringtiefe der Nadeln. Handelt es sich bei den zu vereinzelnden Teilen um durchweg dicke Materialien (> 1 mm), so lassen sich manuell Voreinstellungen am Nadelgreifer vornehmen, die mit geringem Entwicklungsaufwand auch motorisch durchführbar sind. Die in Versuchen ermittelten Eindringkräfte von Nadeln in unterschiedliche Materialien zeigen, daß insbesondere bei dünnen Textilteilen zwar meßbare Werte im Bereich von wenigen Centi-Newton auftreten, diese aber nicht reproduzierbar sind. Die Ursache hierfür liegt bei gewebten Textilien in der Struktur, bei denen sich "leere" Stellen mit Einzelfäden oder Kreuzungspunkten der Fäden abwechseln. Weiter treten bei oberflächenempfindlichen Textilien Beschädigungen durch die Nadeln auf, weshalb dieses Prinzip für den Einsatz in flexibel automatisierten Systemen nicht geeignet ist.

Pneumatische Greifer nach dem Saugprinzip (Vakuumgreifer) haben bei den durchgeführten Untersuchungen häufig zwei Textilteile gegriffen. Bei Verringerung des Saugdruckes ist die Greifsicherheit beim Abheben eines Teils sehr gering.

Beim Verfahren nach dem Blasprinzip (Blasgreifer) wird ein Unterdruck zwischen der Austrittsöffnung einer Platte und dem Textil erzeugt. Entgegen der Vorstellung, daß das Teil von der austretenden Luft abgestoßen wird, hat es das Bestreben, sich der Austrittsöffnung zu nähern und somit vom darunter liegenden Teil abzuheben (aerodynamisches Paradoxon). Durch die hohen Strömungsgeschwindigkeiten treten bei Textilien kurzzeitig Flattereffekte an der Wirkstelle auf, wodurch der Ablösevorgang erleichtert wird.

Die durchgeführten Untersuchungen zum Greifen und Vereinzeln zeigen, daß das Blasprinzip am geeignetsten für die Entwicklung eines flexiblen Greifers ist. Er zeichnet sich insbesondere durch eine hohe Funktionssicherheit und Materialunabhängigkeit aus. Die Vereinzelungskräfte beim untersuchten Greifer nach dem Blasprinzip ermöglichen das Trennen von zwei aufeinanderliegenden Textilien im Randbereich. Zum vollständigen Abheben eines Teils sind sie zu gering. Eine Beschädigung der Teile ist bei diesem Prinzip ausgeschlossen.

4.2 Entwicklung von Funktionsprinzipien und Greifstrategien für einen pneumatischen Greifer

Das Grundprinzip des Blasgreifers soll dem Vereinzelungsproblem durch entsprechende Variationen so weit angepaßt werden, daß es sich mit einfachen Mitteln für einen Greifer verwenden läßt (*Bild 10*). Der Blasgreifer wird hierbei so verändert, daß statt einer radialen ein symmetrischer Luftaustritt erfolgt und somit eine gerichtete Strömung entsteht, die eine Verstärkung des Anhebeeffektes auf die Textilien bewirken soll (Variante 1). Da es wahrscheinlich notwendig sein wird, die Strömungsverhältnisse an unterschiedliche textile Materialien anzupassen, wird aus dem starren Prinzip (Variante 1) eine flexible Gestaltung des Greifers abgeleitet. Hierbei wird mittels einer Düse ein Luftstrom erzeugt, der einen elliptischen Profilkörper umströmt. Der Luftstrom zwängt sich zwischen den Profilkörper und das Textil, wodurch ebenfalls ein Abhebeeffekt zu erwarten ist.

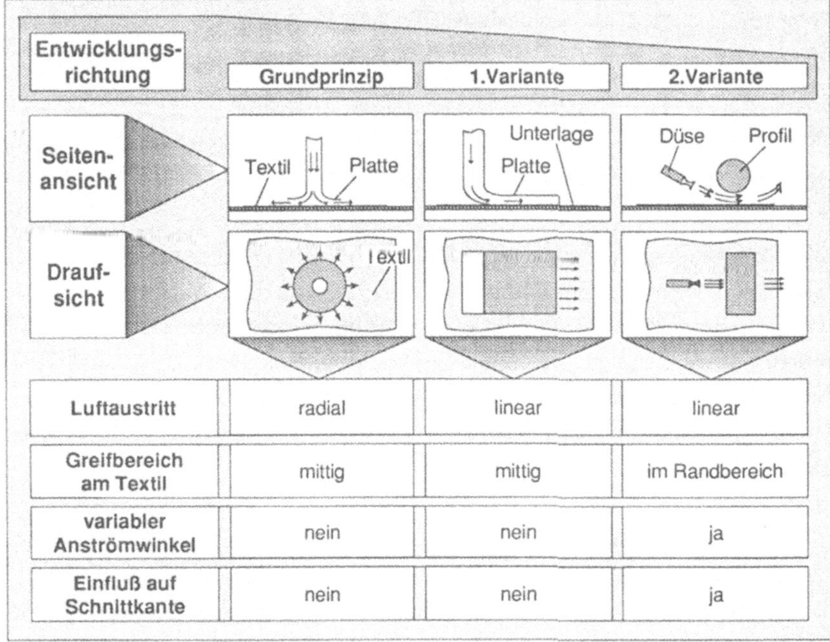

Bild 10: Herleitung des Konzeptes für einen pneumatischen Greifer

Wird der Greifbereich nun genügend nahe an den Rand des Textilteils versetzt, so legt sich dieses an den Profilkörper an (Variante 2) und kann über eine geeignete, zu entwickelnde Haltevorrichtung in dieser Lage fixiert werden. Die Anpassung der Prozeßparameter des Greifers an unterschiedliche Materialien kann beispielsweise durch die Regulierung des Luftstroms oder durch Veränderung des Abstandes des Profilkörpers zum Textil erzielt werden.

Die Gestaltung des Greifers bei der zweiten Variante erlaubt gegenüber den anderen Greifertypen einen einfachen Austausch des Profilkörpers sowie eine Einstellung des Anströmwinkels.

Im Gegensatz zu allen mechanischen oder adhäsiven Greifprinzipien findet hier das Greifen (Herstellen eines Form-, Kraft- oder Stoffschlusses zwischen Greifeinheit und Teil) erst nach der Vereinzelung statt.

Bei Voruntersuchungen wird der Aufbau des pneumatischen Greifers bezüglich Profilkörperform und -größe sowie die Gestaltung der Düse ermittelt. Der Profilkörper wird als Zylinder gestaltet, da sich keine Nachteile gegenüber einer Ellipsenform zeigen und der Zylinder einfacher zu fertigen ist. Das Anblasen des Profilkörpers geschieht mit einer einfachen Runddüse, da bei der geringen Breite der zu greifenden Textilien bei Versuchen mehrere Runddüsen oder eine Flachdüse nicht zwingend erforderlich sind.

4.3 Theoretische Untersuchung des entwickelten Greifprinzips

4.3.1 Betrachtung der Strömungsverhältnisse

Der aus der Düse austretende Freistrahl weist in der hier vorliegenden Anwendung kurz nach dem Austritt einen turbulenten Strömungszustand auf. Der sich durch Impulsaustausch mit der umgebenden Luft verzögernde Strahl trifft im weiteren Verlauf tangential auf den Profilkörper. An der Oberfläche des Profilkörpers bildet sich eine Grenzschicht aus. Die Grenzschichtströmung wird im weiteren Verlauf durch die Wandreibung abgebremst, löst sich vom umströmten Körper ab und bildet einen spiralartig verwirbelten Nachlauf aus. Durch die von der Geometrie vorgegebene Spaltverengung (Düseneffekt) steigt die Luftgeschwindigkeit bis zum engsten Querschnitt unter dem Profilkörpermittelpunkt an und fällt danach wegen der Spalterweiterung wieder ab.

Bild 11 zeigt die Strömungsverhältnisse am pneumatischen Greifer.

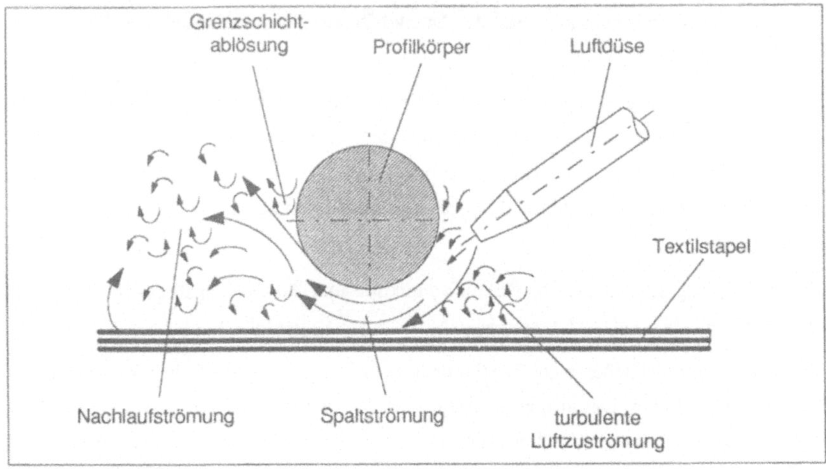

Bild 11: Strömungsverhältnisse am pneumatischen Greifer

4.3.2 Untersuchung der physikalischen Vereinzelungsvorgänge am pneumatischen Greifer

Zu Beginn des Vereinzelungsvorgangs wird unterhalb des Profilkörpers im Bereich der Düsenbreite ein Unterdruck erzeugt, der sich bei luftdurchlässigen Textilien durch das obenliegende Textilteil bis auf darunterliegende Textilteile auswirken kann. Der Vereinzelungseffekt tritt aber erst dann ein, wenn sich unterhalb des obersten Textilteils Umgebungsdruck einstellt.

Eine Reduzierung des Profilkörperabstandes gegenüber der Düsenöffnung bewirkt bei idealisiert gleichbleibendem Luftdurchsatz (Kontinuität) eine Erhöhung der Spalt- gegenüber der Düsengeschwindigkeit /50, 51/. Dies wiederum bewirkt eine Differenz des - nach Bernoulli /50/ - im Spalt sich einstellenden Druckes zum Druck unterhalb des obersten Textilteils.

Durch die starken turbulenten Strömungen im Randbereich fängt das oberste Textil an zu flattern. Hierdurch gelangt der Umgebungsdruck zwischen das oberste Teil und den Restteilestapel. Je nach Luftdurchlässigkeit der Textilteile findet ein Durchströmen statt. Der Luftwiderstand der Textilteile bewirkt eine Druckabnahme bei der durchströmenden Luft und kann somit den Anhebeeffekt teilweise verstärken.

Die resultierende Druckkraft wirkt senkrecht zur Profilachse in Richtung des Profilkörpers. Da die Strömung als Parallelströmung betrachtet wird, beschränkt sich die wirksame Flächenbreite der Textillage auf die Breite der Düsenöffnung.

Der Umgebungsdruck hebt aufgrund der Druckdifferenz zum Spaltdruck das Teil partiell an (*Bild 12*).

Beim Abheben der Textillage findet durch die zunehmende Verringerung der Spaltbreite eine starke Selbstverstärkung des Vorganges statt. Der zunehmenden Druckkraft wirkt dabei die Massenkraftzunahme der sich abhebenden Textilfläche, die Reibung der Lagen untereinander sowie die Luftdurchlässigkeit des Textils entgegen, bis sich ein Gleichgewicht einstellt.

Die Optimierung des Greifers hinsichtlich Funktion und Anwendungsbereich erfolgt aufgrund der Vielzahl unterschiedlicher Materialarten experimentell.

Für das komplette Abheben eines Textilteils mit einem Flächengewicht von $W = 500\ g/m^2$ (beispielsweise dünner Denim), einer Breite von 10 cm und einer Länge von 10 cm muß eine Gewichtskraft von $F = 0{,}05$ N überwunden werden. In der Praxis muß zu Beginn des Anblasvorgangs jedoch nicht die gesamte Fläche sondern nur der Randbereich angehoben werden, wobei der Anlegevorgang durch die damit verbundene Spaltverringerung selbst-

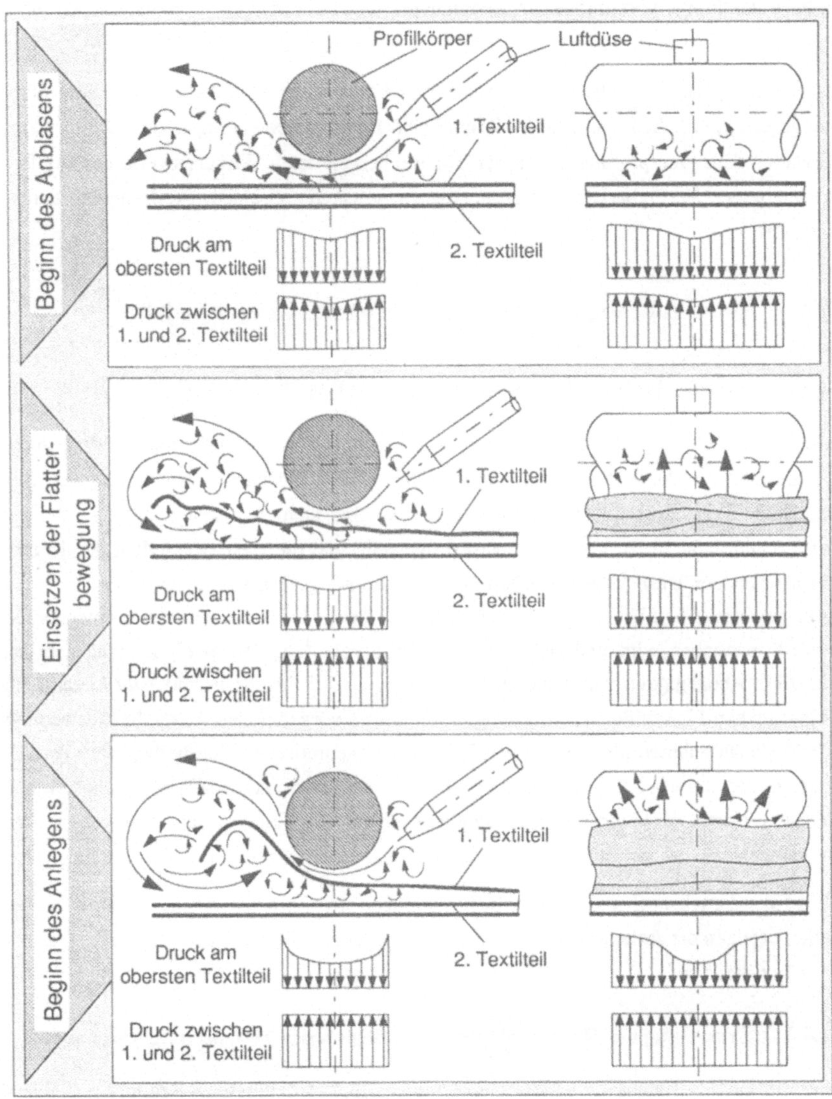

Bild 12: Darstellung der Druckverhältnisse am pneumatischen Greifer

verstärkend ist. Weiterhin besteht die Möglichkeit den Düsendruckes zu erhöhen. Es kann daher davon ausgegangen werden, daß die mit dem Blasprinzip erzeugte Abhebekraft für alle in der Praxis vorkommenden Bedingungen ausreicht, um die Textilien sicher anzuheben und zu vereinzeln.

Eine weitergehende theoretische Betrachtung ist wegen der vielfältigen und häufig inhomogenen Materialien nicht sinnvoll und läßt keine Verbesserungen des Greifprinzips erwarten. Zur Überprüfung der in der Theorie hergeleiteten Wirkungsweise des Greifers sowie dessen Verfügbarkeit werden praxisnahe Versuche an einem Greifermodell durchgeführt.

4.4 Durchführung von Versuchen an einem Greifermodell

4.4.1 Analyse des Vereinzelungsvorganges

Der Anlegevorgang des Textilteils an den Profilkörper wird mit einer Videokamera festgehalten, wodurch die verschiedenen Abhebephasen beobachtet werden können. Der angelegte Düsendruck wird langsam erhöht, so daß sich der Anlegevorgang sehr gut beobachten läßt. In Vorversuchen wird festgestellt, daß die Geschwindigkeit des Druckaufbaus in der Düse keinen Einfluß auf die Strömungsverhältnisse und damit auf den Anlegevorgang hat. Die Versuche zeigen, daß das Textil nicht ab einem bestimmten Druck sofort angehoben wird und sich um den Profilkörper legt. Vielmehr befindet sich das Textil in Abhängigkeit vom Druck in einem stationären Schwebezustand. *Bild 13* zeigt die wesentlichen Phasen des Vereinzelungs- und Anlegevorgangs, die durch die Auswertung der Videoaufnahmen identifiziert werden und die theoretischen Vorüberlegungen bestätigen. Zu Beginn des Anblasens wird das Teil am engsten Spaltquerschnitt angehoben. Mit Zunahme des Drucks erfolgt das partielle Anlegen des Teils an den Profilkörper. Der Vereinzelungsvorgang ist beendet, sobald das Teil vollständig am Profilkörper anliegt.

Wird der Druck nach dem vollständigen Anlegen des Teils an den Profilkörper weiter erhöht steigen die Anlegekräfte trotzdem nicht weiter an. Vielmehr tritt ein starkes Flattern des Textilteils auf.

4.4.2 Ermittlung der Druckverhältnisse zu Beginn des Vereinzelungsvorganges

Für die Verifizierung der theoretisch ermittelten Druckverhältnisse zu Beginn des Anblasvorgangs und der Feineinstellung der Düse wird ein Versuchsstand aufgebaut. Der Profilkörper mit Düse wird an einer Linearführung montiert, um den Abstand zwischen Profilkörper und der oberen Textillage zu variieren. Ein regelbares Druckventil erlaubt es, den Düsendruck und somit die Luftaustrittsgeschwindigkeit zu verändern. Die Druckmessung erfolgt an einer ebenen Bodenplatte mit einem aufgeklebten Textilteil, über die der Profilkörper angeordnet ist. Diese Anordnung entspricht in etwa den Gegebenheiten, wie sie zu Beginn des Vereinzelungsvorganges anzutreffen sind.

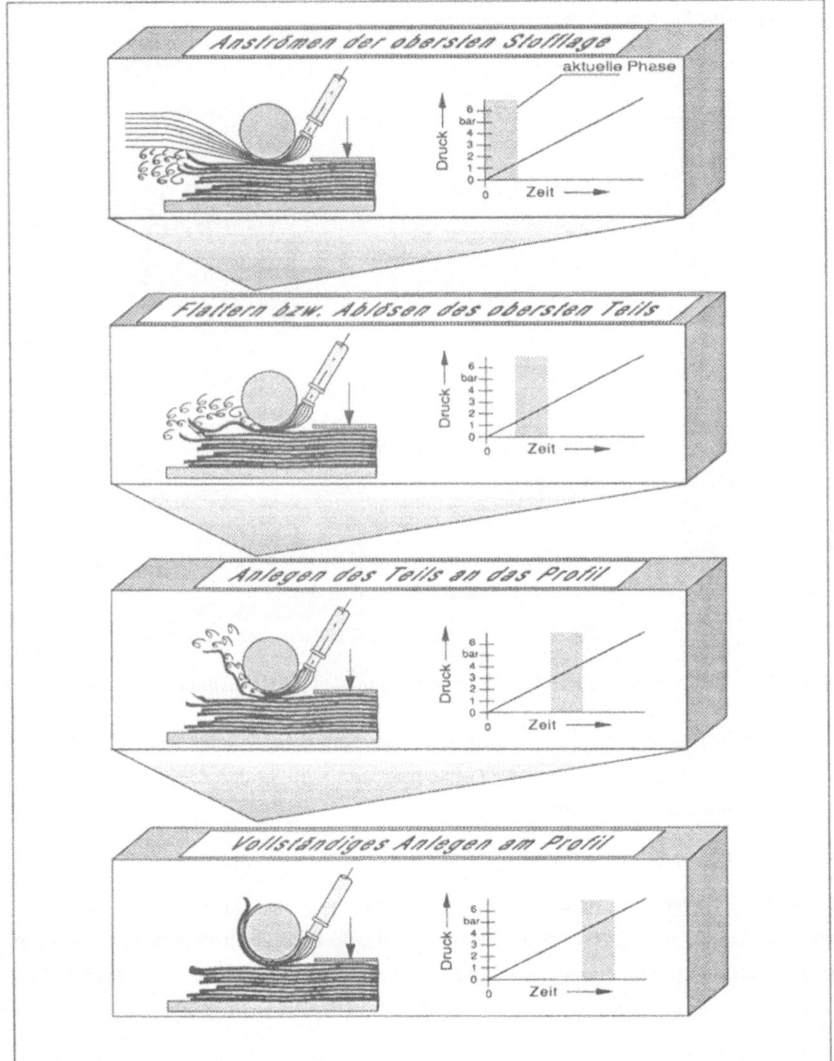

Bild 13: Phasen der Vereinzelung

Zur Messung des Relativdruckes (Druck an der Bodenplatte gegenüber dem Umgebungsdruck) wird ein Manometer verwendet. Die Druckverteilung wird für verschiedene Abstände des Profilkörpers zur Bodenplatte und für verschiedene Düsenpositionen bestimmt. *Bild 14* zeigt den Versuchsaufbau.

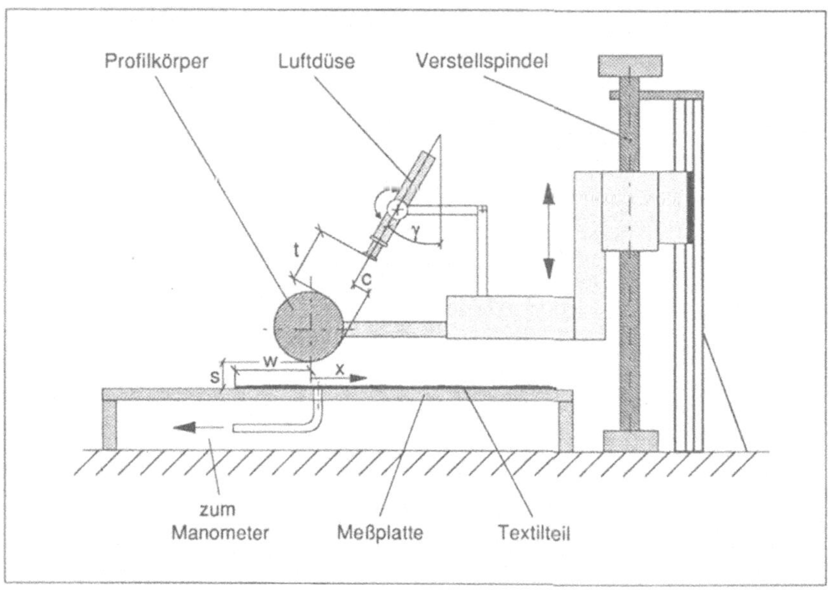

Bild 14: Versuchsaufbau zur Ermittlung der optimalen Düsenposition

Die optimale Düsenposition ergibt sich, wenn der gemittelte Unterdruck im Meßbereich seinen Maximalwert annimmt. Die Düseneinstellung wird in der Ausgangssituation als Basis für die weitere Optimierung zu

$c = 2$ mm und $\gamma = 45°$

festgelegt. Vorversuche zeigen, daß der Maximalwert des Relativdrucks (Differenz zwischen Druck im Meßbereich und Umgebungsdruck) im Bereich zwischen -6 und 2 mm in x-Richtung liegt. Mit dieser Einstellung wird der optimale Abstand t ermittelt (*Bild 15*).

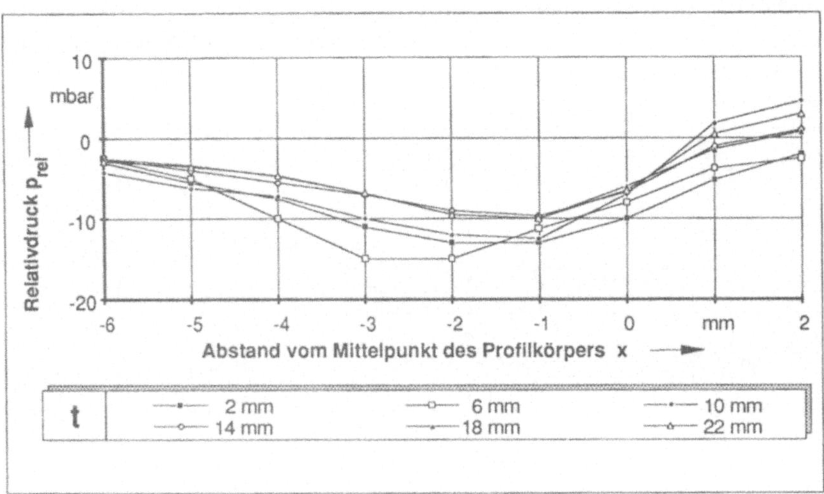

Bild 15: Relativdruckverlauf bei Variation des Düsenabstandes t

Für den axialen Düsenabstand t ergibt sich ein optimaler Wert von 6 mm. Der hierbei erzielbare gemittelte Relativdruck liegt bei $p_{rel} = -8{,}1$ mbar. Anschließend erfolgt die Ermittlung des besten Anströmpunktes. Wie *Bild 16* zeigt, liegt dieser bei c = 2 mm. Der gemittelte Relativdruck liegt auch hier wieder bei $p_{rel} = -8{,}1$ mbar.

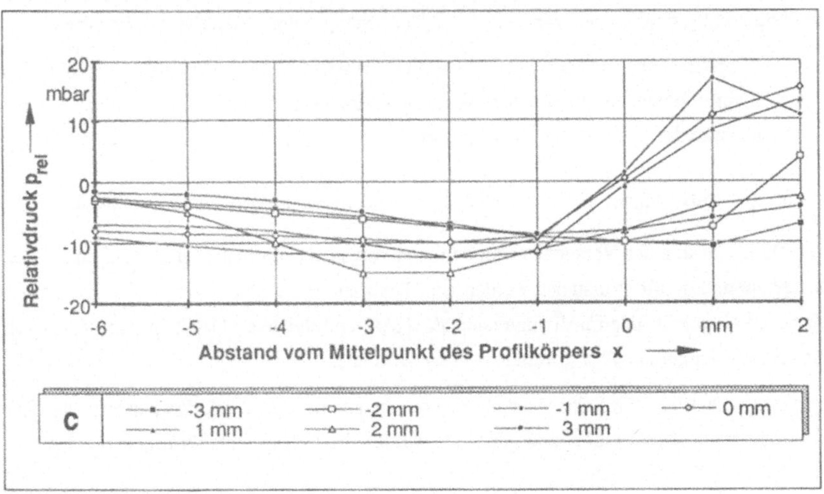

Bild 16: Relativdruckverlauf bei Variation des Anströmpunktes c

Abschließend werden die Auswirkungen auf den Unterdruckbereich bei Änderung des Anströmwinkels untersucht. Bei einem Anströmwinkel von $\gamma = 25°$ erhöht sich der gemittelte Relativdruck auf seinen Maximalwert von $p_{rel} = -17{,}1$ mbar (*Bild 17*).

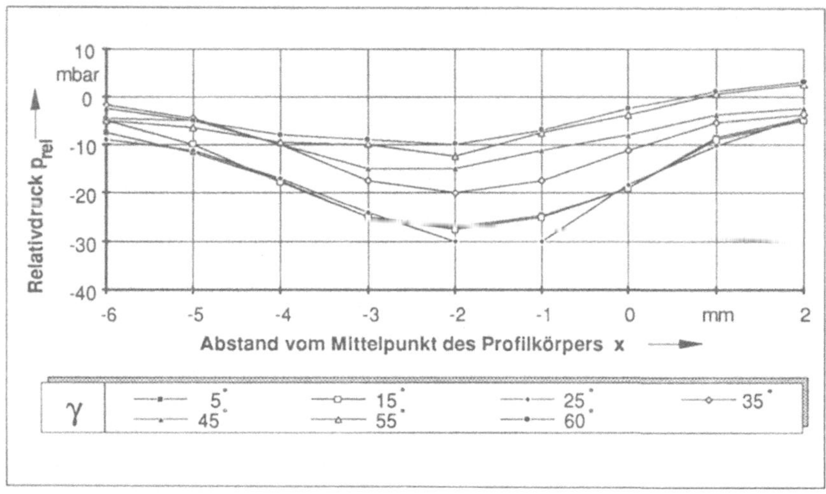

Bild 17: Relativdruckverlauf bei Variation des Anströmwinkels γ

Für die Düsenposition ergibt sich aufgrund der Versuchsergebnisse eine optimale Einstellung von t = 6 mm, c = 2 mm und $\gamma = 25°$ unabhängig vom Material des Textilteils.

Um nun konkrete Aussagen über den benötigten Düsendruck für unterschiedliche Textilien - die Theorie liefert durch die Idealisierung Grenzwerte - treffen zu können, werden Versuche an realen Textilteilen durchgeführt.

4.4.3 Ermittlung der Einstellwerte für repräsentativ ausgewählte Textilteile

Die Durchführung der Versuche erfolgt anhand von 11 repräsentativ ausgewählten textilen Materialien. Für die Versuche werden die Textilien nach objektiven, quantifizierbaren Kriterien eingeteilt. Die für die untersuchten Textilien relevanten Daten sind mit Hilfe von Kawabata-Meßgeräten /19/ ermittelt worden (*Bild 18*).

Für diese Textilien wird das Anlegeverhalten in einem Versuchsaufbau untersucht. Zur Einstellung der Düsenwinkel und -abstände werden die in Kap. 4.4.2 ermittelten optimalen Einstellwerte übernommen.

Textilart	Flächengewicht W [N/m²]	Biegesteifigkeit Ø B [cN×cm] *	Dicke der Textilteils T [mm]
schwerer Denim	5,20	2,4738	1,226
mittlerer Denim	3,37	0,6244	0,996
leichter Denim	2,38	0,2765	0,786
mittlerer Baumwollstoff 1	3,64	0,2945	1,274
mittlerer Baumwollstoff 2	3,97	0,3450	0,952
Cool Wool	1,91	0,0111	0,610
leichtes Polyestergewebe	2,81	0,1780	1,314
schwerer Arbeitsköper	2,46	0,3332	0,881
mittelschwerer Gabadin	2,69	0,1518	1,008
Feincord	1,97	0,0493	0,977
Leinengewebe	2,85	0,2688	1,065
* Aufgrund des verwendeten Prüfverfahrens wird die Biegesteifigkeit in cN×cm angegeben.			

Bild 18: Kennwerte der in Versuchen verwendeten Textilien

Für jedes Textil werden Versuchsreihen durchgeführt, bei denen die Überlappungslänge w (Abstand der Textilkante zum Profilkörpermittelpunkt) und der Profilkörperabstand s variiert werden. Die Vergrößerung der Überlappungslänge bringt eine Verbesserung des Anlegeverhaltens für Textilien mit großer Biegesteifigkeit, da sich der Biegeradius beim Anlegen um den Profilkörper vergrößert. Ebenso wirkt sich eine Vergrößerung des Profilkörperabstandes günstig aus.

Es wird der minimal erforderliche Düsendruck (Druck im Zuführschlauch) beim Anlegevorgang bestimmt. Die realen Bedingungen werden durch das Aufeinanderstapeln von mehreren Textilteilen simuliert, um Verhakungen der Textilien miteinander zu berücksichtigen.

Bild 19 zeigt die minimal erforderlichen Düsendrücke, die für das Anlegen und Greifen eines Textils benötigt werden.

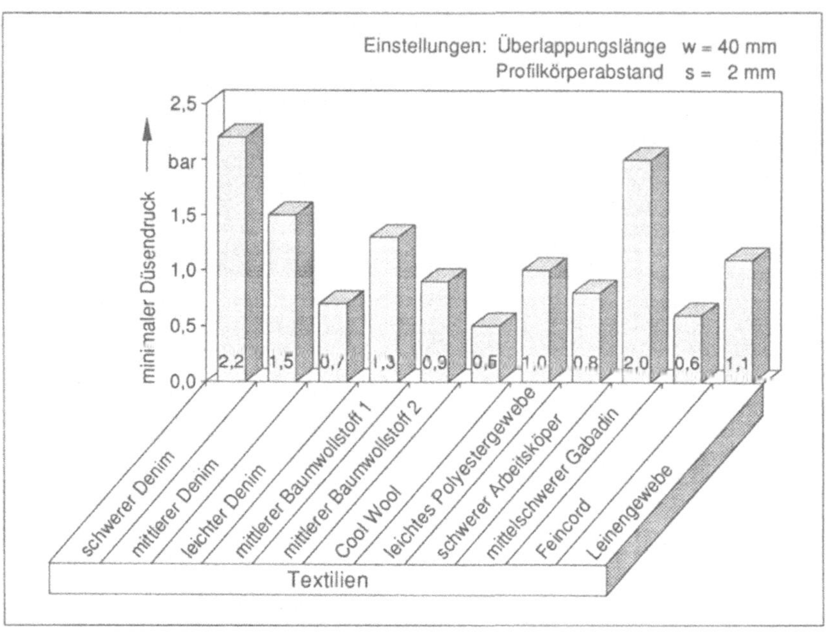

Bild 19: Ermittelter minimaler Düsendruck zum Vereinzeln eines Textilteils

4.4.4 Beurteilung der Versuchsergebnisse

Die Versuche zeigen, daß sich die untersuchten Textilteile problemlos vereinzeln lassen. Das Flattern beim Ablösevorgang beziehungsweise das Anlegen der Teile an den Profilkörper ist dabei im wesentlichen vom Abstand des Profilkörpers zum Textil und vom Strömungsdruck abhängig. Das auftretende Flattern unterstützt den schwierigen Vereinzelungsvorgang, indem Verhakungen am Rand und im Randbereich des Teils sukzessive gelöst werden. Die Versuche haben gezeigt, daß der ermittelte Abstand von s = 2 mm sehr gut mit den unterschiedlichen Anforderungen korreliert. Bei diesem Abstand des Profilkörpers vom obersten Textil und angepaßtem Strömungsdruck ist bei allen untersuchten Textilien der Vereinzelungsvorgang erfolgreich.

Um kurze Greifertaktzeiten zu erzielen, muß die Greifersteuerung eines flexiblen Greifers einen über die Zeit veränderlichen Druckanstieg ermöglichen, wodurch das Vereinzeln der Textilien jeweils im optimalen Druckbereich erfolgt. Eine optimale Anpassung an alle Textilien kann für eine hohe Taktzahl über eine zweistufige Kennlinie des Druckanstiegs erfolgen. Dadurch geraten einerseits während der ersten Stufe leichte und dünne Textilien beim Anlegen an den Profilkörper nicht zu sehr ins Flattern, wodurch ein anschließendes

Greifen unmöglich wird. Andererseits wird die Zunahmegeschwindigkeit des Druckanstiegs für das Anblasen schwererer und dickerer Textilien in der zweiten Stufe erhöht, wodurch die Anlegezeit im Verhältnis zur ersten Stufe verringert wird.

Sofern der Vereinzelungsvorgang der Textilien in der Praxis mit der obengenannten Einstellung nicht mit ausreichender Greifsicherheit erfolgt, kann der Abstand des Profilkörpers zum Textil verändert werden. Dies ist insbesondere dann notwendig, wenn durch einen schlechten Zuschnitt der Teile im Stapel starke Verhakungen im Randbereich auftreten.

Mit dem entwickelten Greifprinzip ist es erstmals möglich, ohne genaue Kenntnisse der Materialparameter und ohne manuelle Voreinstellungen, Textilteile aus unterschiedlichen Materialien vom Stapel zu vereinzeln.

4.5 Konstruktion eines pneumatischen Greifers

Basierend auf den in der Theorie und in Versuchen gewonnenen Erkenntnissen ist es möglich, den Greifer zu konstruieren. Der zu konstruierende Greifer besteht im wesentlichen aus dem Profilkörper, einer Halteeinrichtung sowie einem Erkennungssystem. Das Erkennungssystem soll den erfolgreich beendeten Vereinzelungsvorgang (Textil liegt am Profilkörper an) erkennen und den Haltevorgang einleiten.

Ein im Profilkörper integrierter Sensor bietet die beste Möglichkeit zur Textilerkennung, da er sehr einfach aufgebaut ist und daher platzsparend angeordnet werden kann, sowie die Möglichkeit bietet, das Ergebnis des Vereinzelungsvorganges direkt am Profilkörper zu ermitteln. Nach dem Erkennen des anliegenden Teils wird die Schließbewegung eines Halteelements eingeleitet, um das Teil für nachfolgende Arbeitsgänge in dieser Position zu fixieren.

Das Basiselement des gesamten Greifers bildet eine Grundplatte, an der ein Flansch zur Ankoppelung an eine Handhabungseinrichtung vorgesehen ist. Auf dieser Grundplatte des Greifers befindet sich die Halterung der Luftdüse. Der Anströmwinkel der Düse ist verstellbar. Die Luftdüse wird entsprechend den in Kapitel 4.4.2 in Versuchen ermittelten optimalen Einstellwerten ausgerichtet.

Bei leichten Textilien besteht die Möglichkeit, daß der aus der Düse ausströmende Luftstrom das Textilteil wegbläst. Um dies zu verhindern, wird ein Niederhalter im Greifer integriert, der sich zu Beginn des Anblasvorgangs auf das Teil absenkt und dieses klemmt.

Sobald das angeblasene Textil am Profilkörper anliegt, wird dies vom Sensor erkannt. Der Luftdruck bleibt danach konstant und das Halteelement wird aktiviert. Das Halteelement erzeugt den Kraftschluß zum Textil mittels eines pneumatischen Zylinders der gegen den Profilkörper drückt (*Bild 20*).

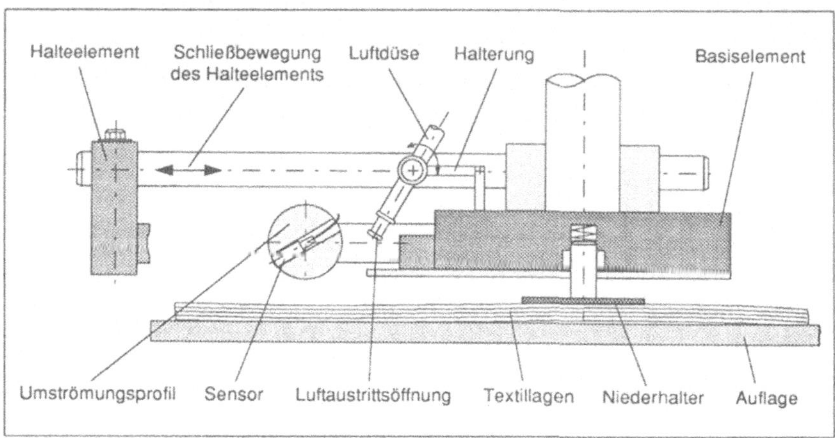

Bild 20: Aufbau des entwickelten pneumatischen Greifers

Durch den erzeugten Kraftschluß ist es möglich, das Textil anzuheben und mittels einer Trennvorrichtung in Form einer Platte oder eines Rollos vom Restteilestapel zu trennen. Bei den sich anschließenden Bewegungen bleibt das Textil sicher in der einmal erzeugten Lage im Greifer.

In Verbindung mit der in Kapitel 4.1 ausgewählten Trennstrategie kann mit diesem Greifer ein Textilteil sicher vereinzelt, fixiert und ganzflächig vom Restteilestapel getrennt werden.

5 Entwicklung einer Orientierungs- und Positioniereinheit für Textilien

Für die Orientierungs- und Positioniereinheit sind Prinzipien abzuleiten, aus denen eine entsprechende Strategie zum Orientieren und Positionieren entwickelt wird. Hierbei sind die Merkmale der textilen Materialien bei der Durchführung von Versuchen zur Ermittlung der Tauglichkeit der entwickelten Strategie zu berücksichtigen (*Bild 21*).

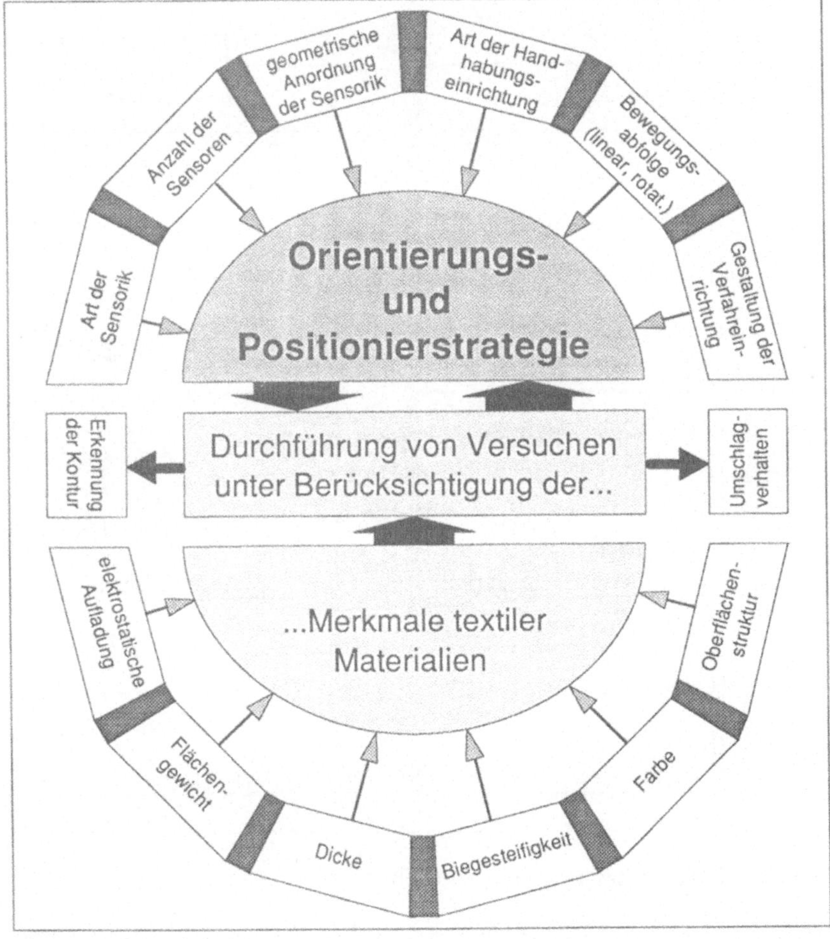

Bild 21: Einflußgrößen bei der Verifikation der Orientierungs- und Positionierstrategie durch Versuche

5.1 Ableitung von Orientierungs- und Positionierprinzipien

Sofern ein Textilteil nicht entsprechend dem Winkel β am Nahtanfang orientiert wird, ergibt sich beim Nähen eine Nahtlinie die nicht von Nahtbeginn an parallel zur Kontur verläuft (*Bild 22*). Eine Naht wird hinsichtlich ihres Verlaufs aber nur dann als gut bezeichnet, wenn sie von Nahtbeginn an parallel zur Teilekontur verläuft. Hierbei gibt es prinzipiell die Möglichkeiten, einerseits das Textilteil (mit oder ohne Werkstückträger) und andererseits die Bearbeitungseinrichtung zu orientieren.

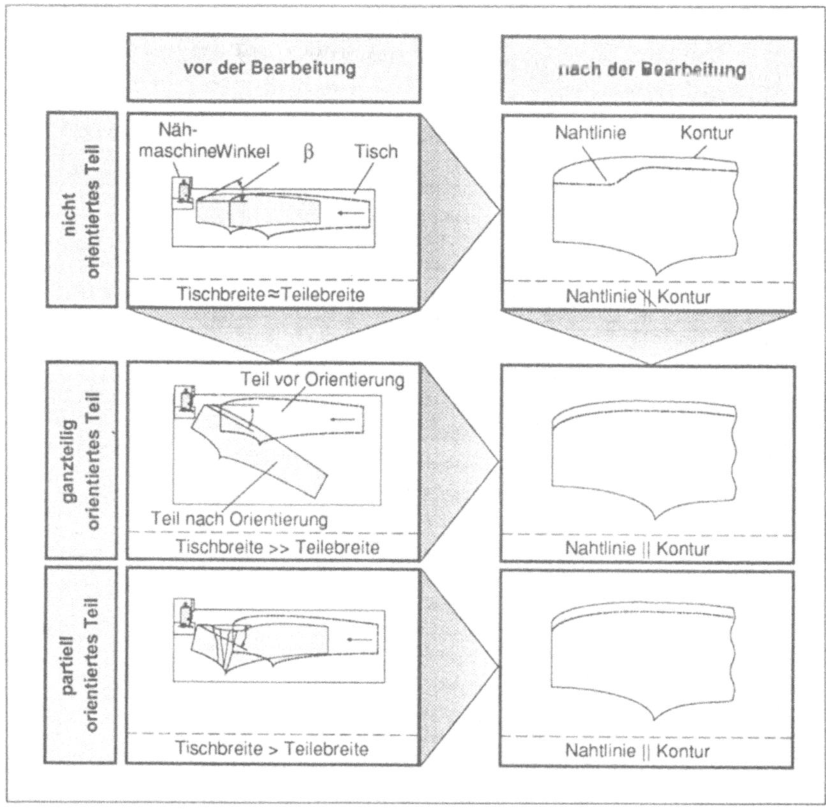

Bild 22: Prinzipien zum Orientieren textiler Werkstücke

Um zu gewährleisten, daß der Nahtbeginn parallel zur Anfangskontur verläuft, werden zwei generelle Prinzipien abgeleitet:

- Orientieren der Nähmaschine und
- Orientieren des Textilteils.

Beim Orientieren der Nähmaschine wird die Nähmaschine mit den notwendigen Peripherieeinrichtungen so ausgerichtet, daß die Transportrichtung parallel zum Nahtanfang verläuft. Der Drehpunkt ist hierbei die Nadel. Während des Nähens wird die Maschine entsprechend dem Kantenverlauf des Teils mitgedreht.

Das Orientieren der Nähmaschine ist jedoch sehr aufwendig, da hierbei eine große Masse schnell zu bewegen ist und alle Peripherieeinrichtungen ebenfalls mit zu drehen sind. Zusätzlich behindert die flächenförmige Klemmwirkung zwischen Drückerfuß und Transporteur ein verzugfreies Drehen des Teils um die Nadel. Dieses Prinzip ist daher nicht zum Orientieren geeignet.

Die gegenüber der Nähmaschine geringe zu bewegende Masse erlaubt ein schnelles Orientieren der Teile, jedoch erschwert die geringe Biegesteifigkeit der Werkstücke den Orientierungs- und Positioniervorgang. Dadurch ergeben sich zwei mögliche Prinzipien. Einerseits kann das gesamte Teil und andererseits kann das Teil nur im Bereich des Nahtanfangs (partiell) ausgerichtet werden.

Beide Prinzipien erlauben die Erstellung einer Naht parallel zur Außenkontur. Bei der ganzflächigen Orientierung ist jedoch insbesondere der zur Orientierung benötigte Platzbedarf in Abhängigkeit von der Größe der Werkstücke sehr hoch. Weiterhin sind hierzu Halteeinrichtungen erforderlich, die das gesamte Teil bewegen und somit eine entsprechende Baugröße und aufwendige Mechanik zur Größenanpassung aufweisen.

Beim partiellen Orientieren stellt die geringe Biegesteifigkeit der Textilien die wesentliche Voraussetzung zur Funktionsfähigkeit des Prinzips dar, da hier die Verformbarkeit der Textilien ausgenutzt wird. Dies ist vor allem bei großflächigen Teilen vorteilhaft, da die eingesetzte Halteeinrichtung nur einen kleinen Bereich des gesamten Teiles erfassen und orientieren muß. Dadurch verringern sich die Baugröße gegenüber einer Einrichtung, die das gesamte Teil orientiert, sowie der zum Orientieren benötigte Platzbedarf erheblich.

Aufgrund der Vorteile des partiellen Orientierens gegenüber dem ganzflächigen Positionieren des Teils wird dieses Prinzip den weiteren Arbeiten zugrunde gelegt.

Zur Durchführung der Orientierungs- und Positionierbewegungen sind verschiedene automatische Einrichtungen mit unterschiedlichem Flexibilitätsgrad möglich. Diese reichen von einfachen pneumatisch betätigten Orientierungsschienen bis zu Handhabungssystemen (*Bild 23*).

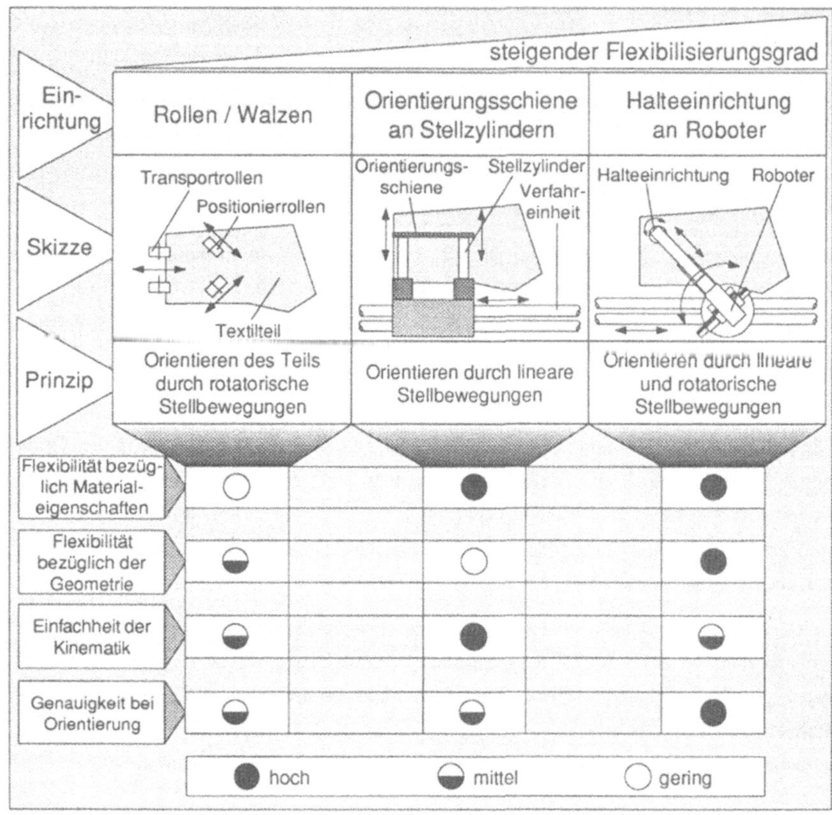

Bild 23: Darstellung und Bewertung der Methoden des partiellen Orientierens

Rollen oder Walzen mit einstellbarer Dreh- und Wirkrichtung erlauben prinzipiell das Orientieren mit hoher Flexibilität. Sie sind jedoch wegen der notwendigen, aufwendigen Synchronisation der Bewegungen zum Orientieren nicht geeignet. Ohne eine Synchronisation mit teilweisem Anheben einzelner Rollen verzieht sich das Teil und verändert somit seine Außenkontur, wodurch das exakte Positionieren an einem vorgegebenen Konturabschnitt unmöglich wird.

Die Verfahreinheit mit Stellzylinder und angeflanschter Schiene ermöglicht das Orientieren eines Textilteils. Sie ist jedoch durch die geometrische Anordnung der Stellzylinder nur innerhalb enger Grenzen, bezogen auf den Drehwinkel, einsetzbar. Weiter ist sie aufgrund der starren Schiene hinsichtlich der Anpassung an unterschiedliche Konturen stark eingeschränkt und somit nicht flexibel genug für ein variierendes Werkstückspektrum.

Die Bewertung zeigt, daß ein Handhabungsgerät mit mindestens drei frei programmierbaren Achsen die Anforderungen zur partiellen Orientierung am besten erfüllt. An das Handhabungsgerät können unterschiedliche Halteeinrichtungen angeflanscht werden, die den Kraftschluß mit dem Teil zur Orientierung und Positionierung herstellen. Die hohe Flexibilität hinsichtlich der einsetzbaren unterschiedlichen Halteeinrichtungen, der Größe des Drehwinkels und die einfach zu programmierenden Bewegungsabläufe sind die großen Vorteile eines frei programmierbaren Handhabungsgeräts. Es bietet somit, insbesondere für die durchzuführenden Versuche, die besten Möglichkeiten.

5.2 Entwicklung einer Orientierungs- und Positionierstrategie

Die Verwendung eines Handhabungsgerätes ermöglicht die Entwicklung einer Orientierungs- und Positionierstrategie (OPS) für Textilteile, die auch die komplexen Wirkzusammenhänge und Abhängigkeiten zwischen Textilmerkmalen und verwendeten Handhabungskomponenten berücksichtigt. Die theoretisch zu entwickelnde OPS sowie die zugehörigen Komponenten sind in Versuchen zu überprüfen. Damit ist eine hohe Verfügbarkeit und Flexibilität beim Orientieren und Positionieren unterschiedlichster Textilteile gewährleistet.

5.2.1 Auslegung des Erkennungssystems

Voraussetzung für die Entwicklung einer OPS für Textilteile ist es, daß die Kontur im Nahtanfangsbereich erkannt, beziehungsweise ermittelt wird, um mittels der gewonnenen Information den Orientierungsprozeß einzuleiten. Zur Bestimmung der Kontur am Nahtanfang sind nur berührungslose Sensoren geeignet, da taktile Sensoren die Geometrie bei Berührung, insbesondere bei dünnen und somit sehr labilen Textilien verändern, wie durchgeführte Untersuchungen zeigen. Von den getesteten berührungslosen Sensoren fallen magnetische oder kapazitive Sensoren aufgrund der Materialeigenschaften der untersuchten Textilien aus. Einerseits haben Textilien in der Regel keine Bestandteile, auf die magnetische Sensoren ansprechen, andererseits führen dünne Textilien zu keinen sinnvoll meßbaren Kapazitätsänderungen (*Bild 24*).

Pneumatische Sensoren sind für die geforderte Genauigkeit zu empfindlich gegenüber Störströmungen in ihrer Umgebung. Versuche mit akustischen Sensoren (Ultraschall) liefern bedingt durch die unterschiedlichen Materialstrukturen keine verwertbaren Ergebnisse.

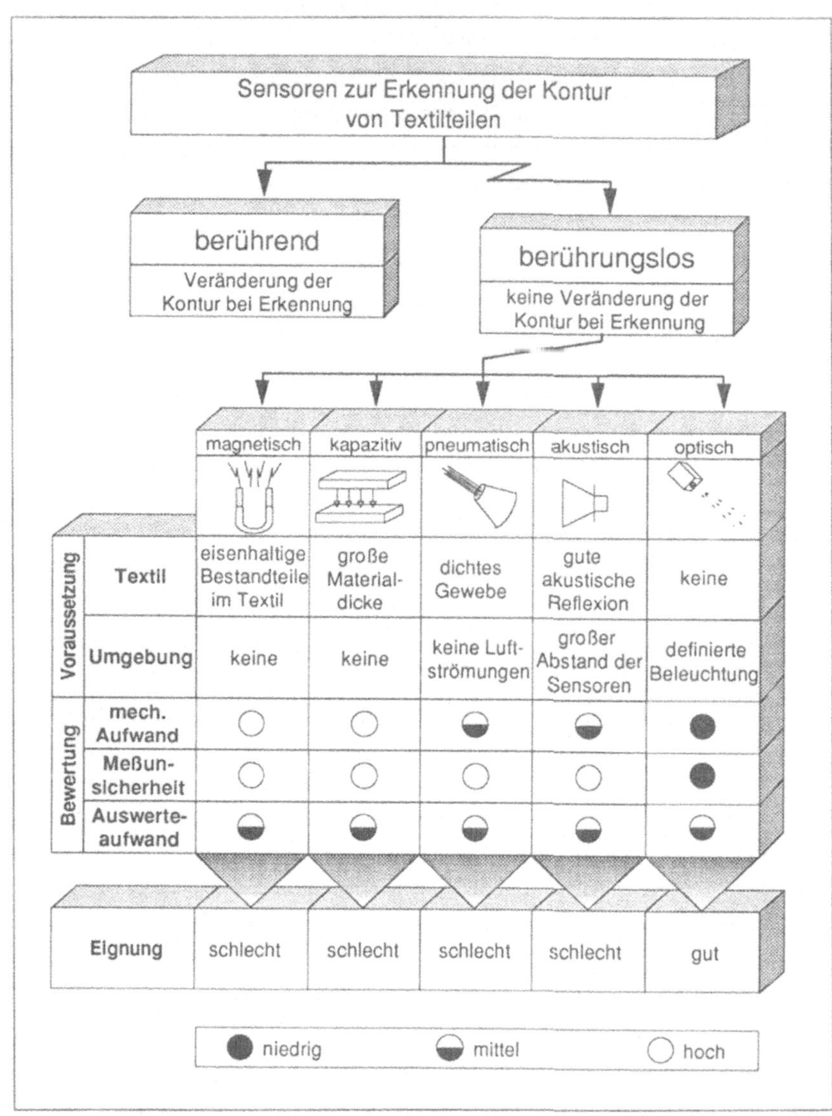

Bild 24: Prinzipien zur Erkennung der Kontur vereinzelter Textilteile

Es bieten sich für die weiteren Untersuchungen somit optische Sensoren an, die flächen-, linien-, oder punktförmig ausgebildet sind. Die für Textilien geeigneten Prinzipien zur Erkennung der Kontur zeigt *Bild 25*.

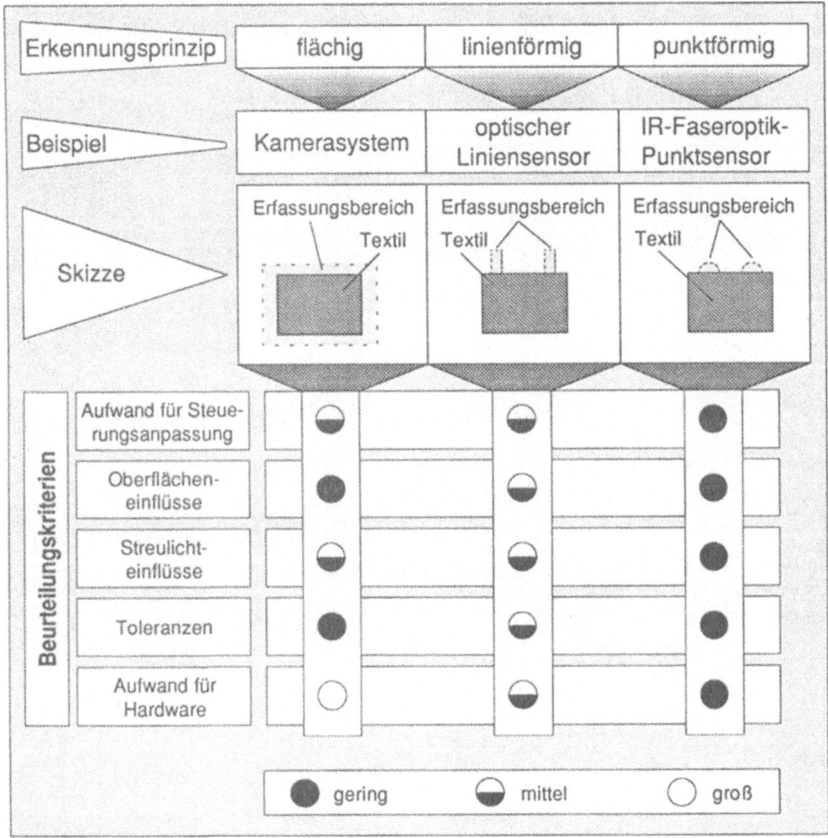

Bild 25: Prinzipien zur Erkennung der Nahtkontur

Die flächenförmige Erkennung der Teile erfordert eine aufwendige Bildverarbeitung, ebenso Liniensensoren, die digital ausgewertet werden (z. B. CCD-Zeile). Einfachere Sensoren sind optische Liniensensoren mit Analogauswertung der Signale. Vorversuche haben ergeben, daß das erzeugte Analogsignal bei gleichbleibendem Bedeckungsgrad des Sensors durch das Teil in Abhängigkeit der verwendeten Materialien nach dessen Auswertung bei einer erforderlichen Gesamtlänge von 40 mm eine Meßungenauigkeit von bis zu 3 mm ergibt. Ursache hierfür sind abstehende Fäden, die den Sensor teilweise bedecken, sowie die Lichtdurchlässigkeit der Textilien. Ein genaues Orientieren und Positionieren ist somit nicht möglich.

Das Punktprinzip ist gegenüber den anderen Prinzipien sehr einfach und benötigt keine aufwendige Auswertung, da hier nur ein binäres Signal erzeugt wird. Eine geeignete Anordnung von mehreren Punktsensoren ist für die Ermittlung einfacher Geometrien ausreichend (*Bild 26*).

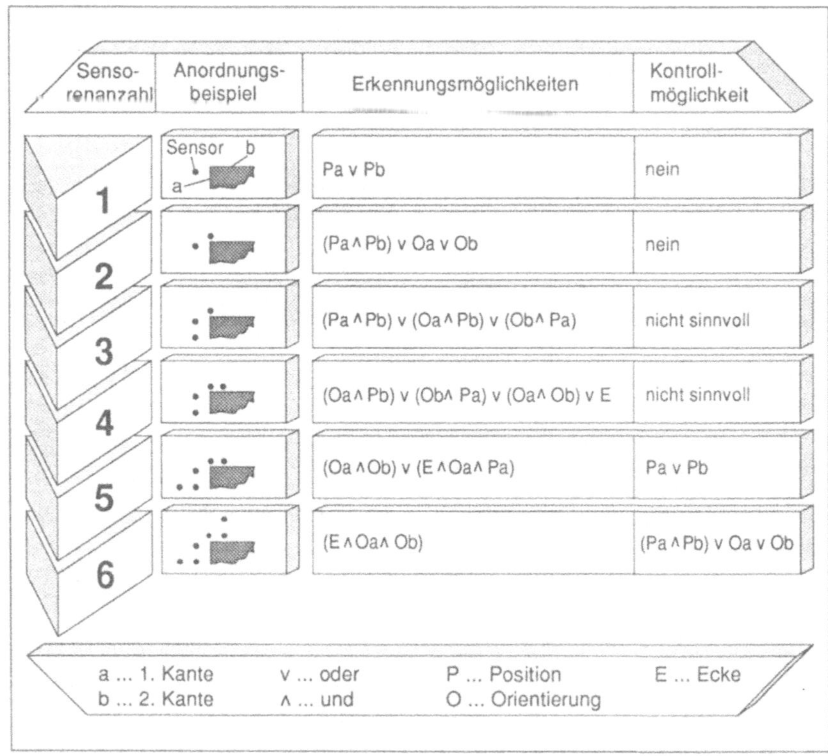

Bild 26: Möglichkeiten zur geometrischen Erfassung einfacher Konturen

Die Verwendung von Punktsensoren erfordert jedoch eine entsprechende OPS für das Teil, bei der die Sensoren zur Ermittlung der Kontur überfahren werden. Mit den Schaltsignalen und den entsprechenden Koordinaten eines Handhabungsgerätes ist die Ermittlung der Kontur sowie die Bestimmung des Nahtanfangspunktes möglich.

Zur Ermittlung der Orientierung eines Teils an einer Kante sind prinzipiell zwei Sensoren ausreichend. Soll mehr als eine Kante ermittelt werden, sind mindestens drei Sensoren notwendig (Strategie I). Bei Teilen mit geringer Biegesteifigkeit ist es weiter sinnvoll, die durchgeführte Orientierung zu überprüfen, da sehr empfindliche Textilien im Randbereich umschlagen oder Falten bilden können. In diesen Fällen müssen die Teile nochmals orientiert werden.

In Abhängigkeit von der zu ermittelnden Kontur sind daher die in *Bild 27* dargestellten Strategien möglich. Die Anordnung mit 6 Sensoren bietet neben der Erkennung der Anfangskontur an zwei Kanten noch die Möglichkeit, über die Sensoren 5 und 6 das Ergebnis der Orientierung zu kontrollieren (Strategie III).

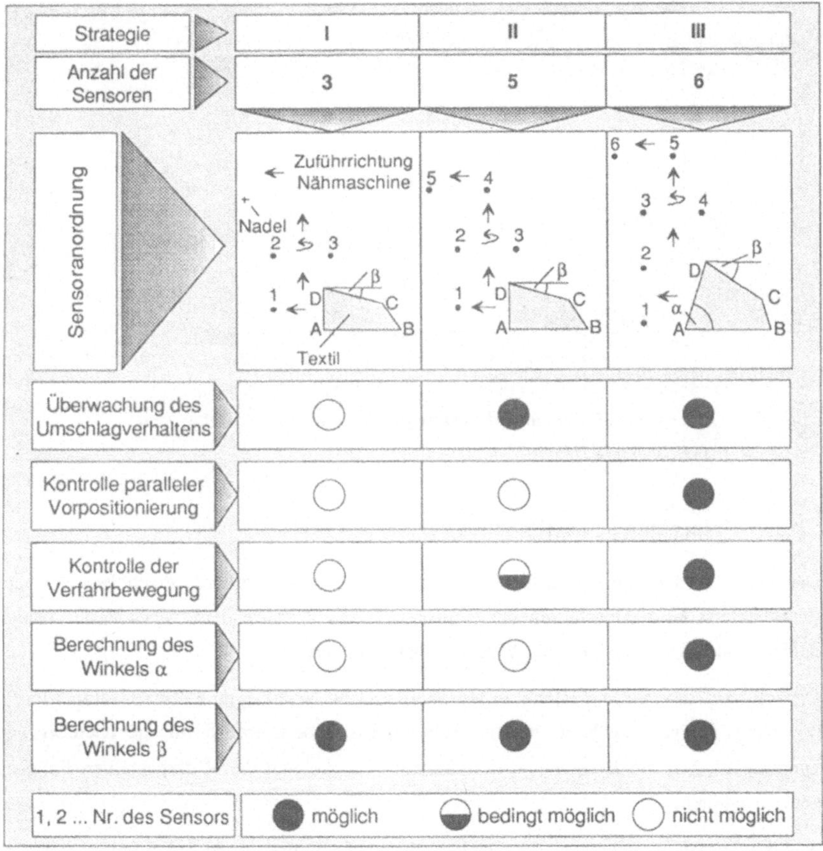

Bild 27: Strategien zur Ermittlung der Kontur

Die größtmögliche Flexibilität hinsichtlich der Erkennung von Textilteilen bietet Strategie III. Hierdurch können die Winkel beider Kanten sowie ein Eckpunkt der Textilteile bestimmt und die durchgeführte Orientierung kontrolliert werden. *Bild 28* zeigt hierzu den Orientierungsablauf eines Teils mit unterschiedlichem Winkel β beispielhaft auf.

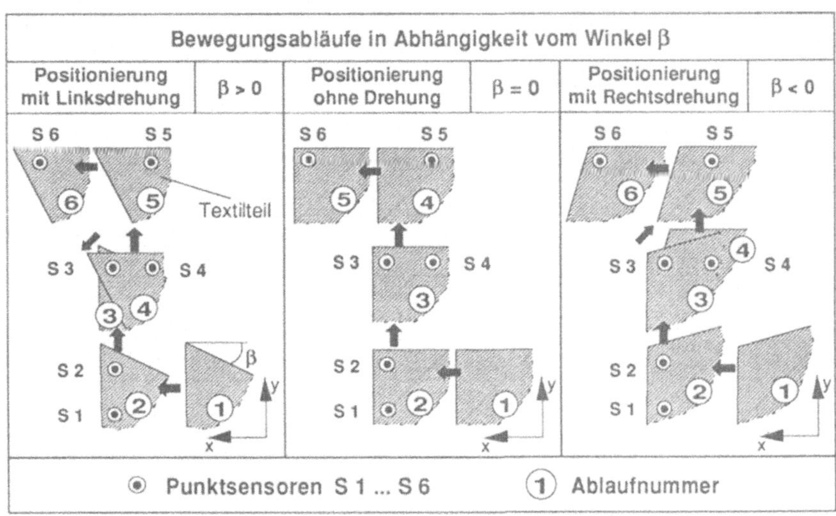

Bild 28: *Bewegungsablauf zur Erkennung der Kontur mit Punktsensoren (bei Strategie III)*

5.2.2 Mathematische Beschreibung der Verfahrstrecken

Das Textil wird zu Beginn des Orientierungsablaufs in x-Richtung verschoben. Aus der Wegdifferenz beim Überfahren der Sensoren 1 und 2 sowie dem Abstand der beiden Sensoren in y-Richtung kann der Winkel α berechnet werden.

Danach wird das Teil in y-Richtung verfahren und die Schaltsignale der Sensoren 3 und 4 registriert. Daraus errechnet sich der Winkel β, der bestimmend für die nachfolgende Drehung ist. Für die Berechnung der Winkel sind die in *Bild 29* dargestellten Fälle zu berücksichtigen.

Aus den Geradengleichungen der Geraden AD und CD und deren Schnittpunkt wird die Position des Nahtanfangs ermittelt. Die anschließende Drehung um den jeweiligen Tool-Center-Point der Halteeinrichtung sowie das Verschieben des Nahtanfangs in x- und y-Richtung wird beim Überfahren der Sensoren 5 und 6 überprüft.

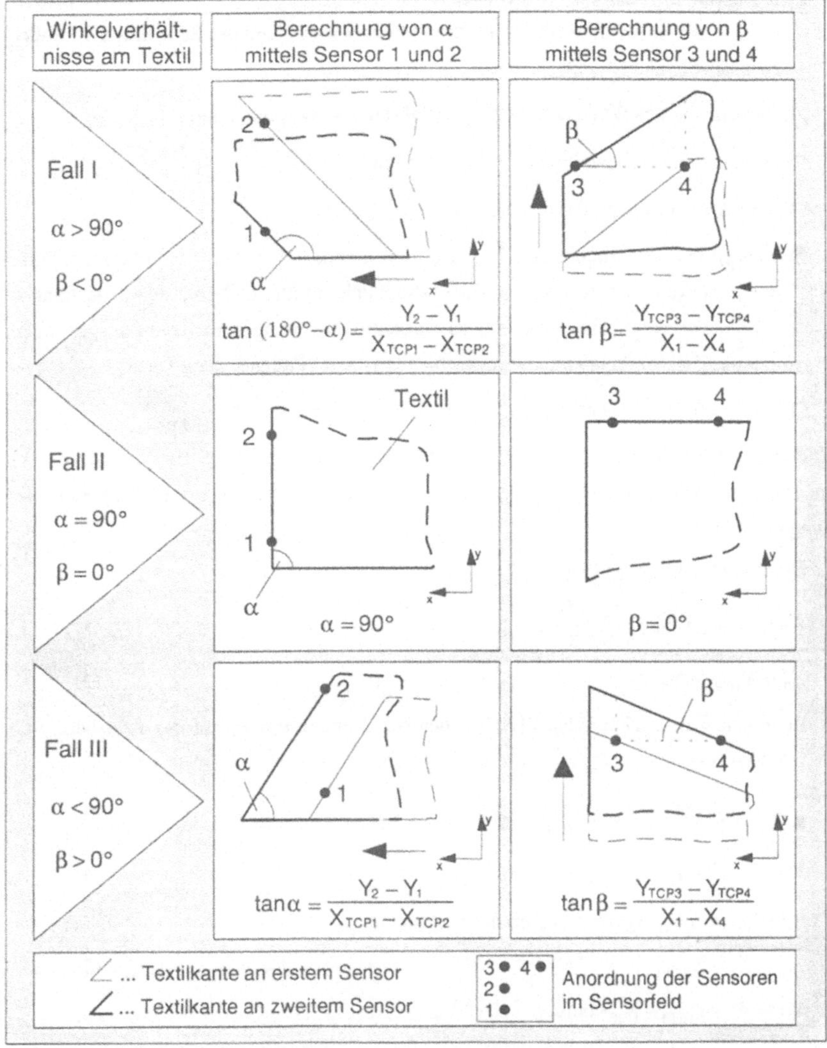

Bild 29: ***Fallunterscheidung bei der Winkelberechnung***

Die Ermittlung der Winkel und die Festlegung der Verfahrbewegungen wird in die folgenden Schritte unterteilt:

- Erkennung der y-Kante mit Hilfe der Sensoren 1 und 2 sowie rechnerische Bestimmung des Winkels α.

- ❐ Korrektur der Position des Teils, falls notwendig, indem so weit in positive x-Richtung verfahren wird, bis der Schnittpunkt der y-Kante und der Sensorlinie 34 außerhalb der Strecke 34 liegt.
- ❐ Berechnung des Winkels β durch Überfahren der Sensoren 3 und 4.
- ❐ Drehung um den jeweiligen Tool-Center-Point (TCP).
- ❐ Korrektur der Eckpunktverschiebung in x-Richtung.
- ❐ Überprüfen des Orientierungsvorgangs durch Sensor 5, indem der errechnete Punkt der Bedeckung des Sensors mit dem tatsächlich ermittelten Punkt der Bedeckung in y-Richtung verglichen wird. Bei zu starker Abweichung wird davon ausgegangen, daß das Teil im Randbereich umgeschlagen ist oder Faltenbildung vorliegt.
- ❐ Überprüfen des Orientierungsvorganges in x-Richtung durch Sensor 6.

Bild 30 zeigt beispielhaft das Orientieren eines Teils mit dem Winkel $\alpha < 90°$ und $\beta > 0°$. Im folgenden wird der mathematische Zusammenhang der Verfahrstrategie bei der Drehung erläutert.

1. Drehpunkt $P_0(X_0; Y_0)$ berechnen:

$$X_0 = X_{TCP2} + X_K - \frac{Y_4 - Y_2}{\tan\alpha} \tag{1}$$

$$Y_0 = Y_{TCP4} + Y_K \tag{2}$$

2. Berechnung des Eckpunktes $P(X; Y)$, der bei Drehung um P_0 auf der Kreisbahn verschoben wird:

$$X = X_{TCP2} + X_T + X_K - \frac{Y_4 - Y_2}{\tan\alpha} \tag{3}$$

$$Y = Y_U + Y_{TCP4} + Y_K \tag{4}$$

3. Errechnete Ausgangskoordinaten des Eckpunktes

$$X_T = X_1 - X_{TCP1} \tag{5}$$

$$Y_U = Y_3 - Y_{TCP3} - X_K * \tan\alpha \tag{6}$$

4. Formel zur Berechnung des nach der Drehung verschobenen Eckpunktes $P'(X'; Y')$:

$$\begin{pmatrix} X' \\ Y' \\ Z' \\ 1 \end{pmatrix} = \begin{pmatrix} \cos\beta & -\sin\beta & 0 & X_0(1-\cos\beta) + Y_0 \sin\beta \\ \sin\beta & \cos\beta & 0 & Y_0(1-\sin\beta) - X_0 \cos\beta \\ 0 & 0 & 1 & 0 \\ 0 & 0 & 0 & 1 \end{pmatrix} * \begin{pmatrix} X \\ Y \\ Z \\ 1 \end{pmatrix} \tag{7}$$

Die neue x-Koordinate des Eckpunktes aus (7) wird anschließend mit der x-Koordinate des Sensors 5 verglichen. Ist die rechnerisch ermittelte Differenz größer oder kleiner als die Überfahrdifferenz X_K erfolgt eine entsprechende Verschiebung in positive oder negative x-Richtung. Bei der sich anschließenden Bewegung in y-Richtung erkennt der Sensor 5 das Teil bei Übereinstimmung des theoretisch ermittelten Schaltpunktes mit dem tatsächlichen Schaltpunkt.

5.3 Durchführung von Versuchen mit einem Modellaufbau

Zur Verifizierung der theoretisch ermittelten Ergebnisse werden an einem eigens entwickelten Versuchsträger experimentelle Untersuchungen angestellt. Die Vielfalt der Materialien erfordert zuerst den Nachweis für die Tauglichkeit und Flexibilität einer Punktsensorik und der ermittelten Anordnung der Sensoren. Weiter werden die maximalen Abstände zwischen den Stempeln der Halteeinrichtung und der Kontur ermittelt, bei denen die Textilien beim Verfahren umschlagen oder Falten bilden, was zu nicht tolerierbaren Konturänderungen führt.

5.3.1 Ermittlung einer geeigneten Sensorik

Optische Punktsensoren stehen in unterschiedlichen Ausführungen zur Verfügung und werden hinsichtlich ihrer Genauigkeit und Flexibilität bei Textilien mit unterschiedlicher Farbe und Oberflächenstruktur sowie unterschiedlichem Reflexionsverhalten untersucht. Optische Sensoren mit Infrarotlicht sind hierbei, gegenüber Laser- oder Photodioden und Lichtschranken, die mit Licht im sichtbaren Bereich arbeiten, aufgrund ihres einfachen Aufbaus und den damit verbundenen geringen Kosten sowie ihrer Zuverlässigkeit in Versuchen als am besten geeignet ermittelt worden.

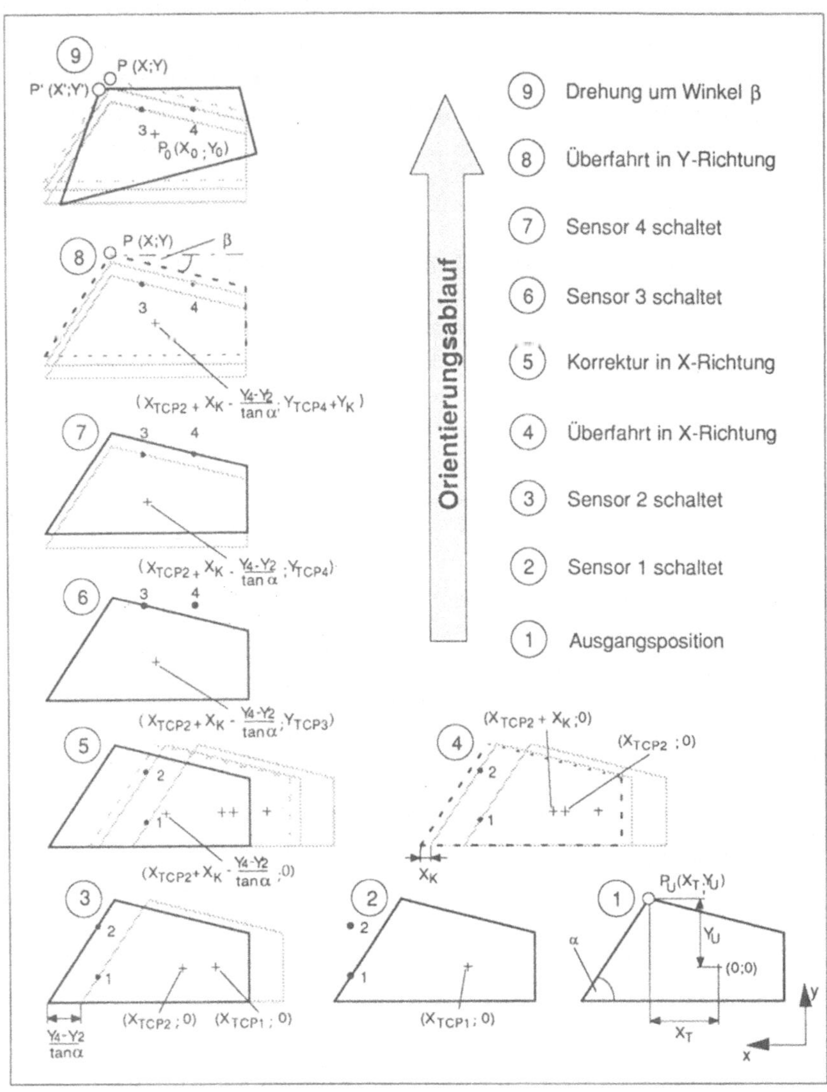

Bild 30: ***Beispielhafte Darstellung der Orientierungs- und Positionierstrategie***

Bild 31 zeigt die Bewertung unterschiedlicher Sensoren.

Für die Auslegung des Sensorfeldes zur Ermittlung der Textilkontur am Nahtanfang sind mehrere Anordnungen der Sensoren möglich:

- gegenüberliegende Anordnung bei Durchlichtsensoren,
- einseitige Anordnung, bei der die (Reflexlicht-)Sensoren von oben auf eine Reflexfolie strahlen, sowie die daraus abgeleitete

  einseitige Anordnung, bei der die Reflexlichtsensoren in einer Platte eingelassen sind und von unten nach oben ins Freie strahlen.

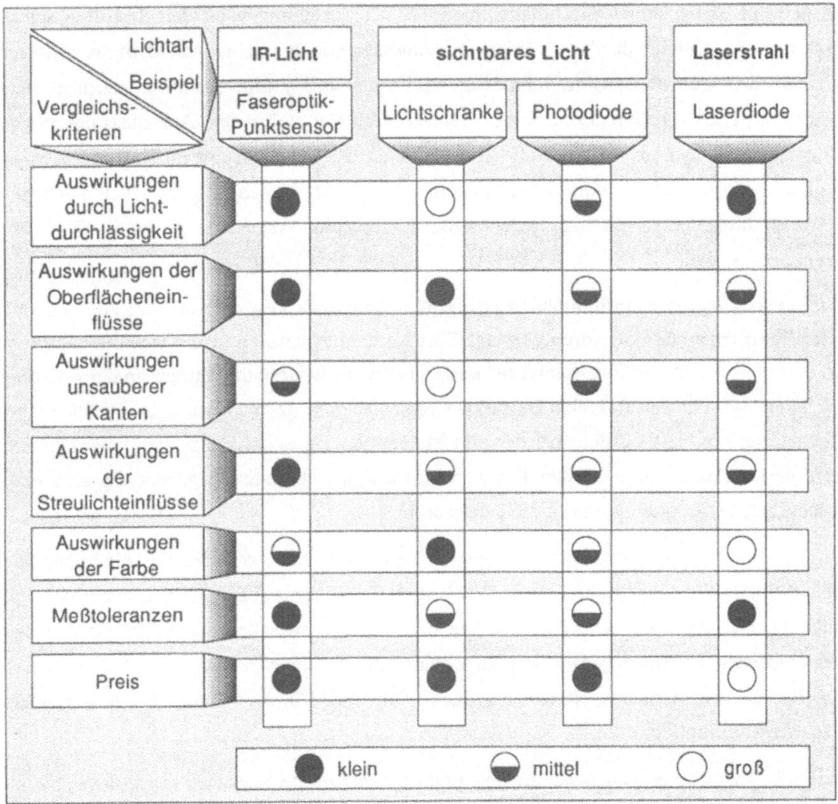

Bild 31: Untersuchung unterschiedlicher Sensoren auf deren Tauglichkeit zu Erkennung von Textilien

Sensoren, die über der Orientierungsfläche angeordnet sind und nach dem Reflex- oder Durchlichtverfahren arbeiten, haben jedoch den gravierenden Nachteil, daß sie den Freiraum über der Ebene erheblich einschränken. Es werden daher im folgenden nur diejenigen Sensoren untersucht, die nach dem Reflexprinzip arbeiten und in die Orientierungsfläche integriert werden können.

Einflußfaktoren, die den Schaltpunkt der Sensoren verschieben können, sind die Lichtdurchlässigkeit, die Farbe, das Reflexionsverhalten sowie abstehende Fäden (Fransen) der Textilteile. Die für die Versuche ausgewählten Textilien weisen unterschiedliche Oberflächenstrukturen, Farben und Muster auf und sind somit repräsentativ für Textilien.

Für die Durchführung der Versuche werden Sensoren mit unterschiedlichen Durchmessern ausgewählt und in einer Tischplatte integriert. Untersuchungen an den Textilien selbst ergeben, daß abstehende Fäden einen Durchmesser von bis zu einem Millimeter haben können. Der kleinste Sensordurchmesser wird daher mit 1 mm bestimmt, da ansonsten bereits abstehende Fäden zum Schalten der Sensoren führen können. Auf Basis des Wirkprinzips der Sensoren, die das Reflexionsverhalten der Textilien mit in das Meßergebnis einfließen lassen und somit bei größerem Durchmesser auch größere Meßtoleranzen erwarten lassen, wird ein maximaler Sensordurchmesser von 5 mm als sinnvolle Obergrenze festgelegt.

Die Einstellung der Empfindlichkeit erfolgt über eine erste Testreihe, bei der alle betrachteten Textilien an den Sensoren vorbeigeführt werden. Prinzipiell lassen sich die Sensoren so abstimmen, daß der Schaltpunkt für unterschiedliche Materialien immer an der gleichen Stelle erfolgt. Für den flexiblen Einsatz an verschiedenen Arbeitsplätzen muß jedoch eine Einstellung ermittelt werden, bei der alle Materialien ein Schaltsignal, das innerhalb der geforderten Positioniertoleranzen liegt, erzeugen. Eine automatische Anpassung an unterschiedliche Materialien ist somit nicht erforderlich.

Bild 32 gibt einen Gesamtüberblick über die Ergebnisse der Versuche. Es zeigt sich, daß bei optimaler Einstellung der Empfindlichkeit alle Textilien ein Schaltsignal innerhalb der zulässigen Toleranzgrenzen erzeugen. Die Unterschiede zwischen den Schaltpunkten der verschiedenen Textilien geben den zu erwartenden Toleranzbereich an. Wie erwartet, ergeben größere Sensordurchmesser größere Toleranzen und reagieren bei abstehenden Fäden unempfindlich.

Wie die Versuche zeigen, sind für den praktischen Einsatz Sensoren mit einem Durchmesser von 2 mm am besten geeignet. Hier wird das Risiko für Fehlsignale durch abstehende Fäden weitgehend eliminiert, ein ausreichend enger Schaltbereich der Sensoren erzielt und somit eine Positioniergenauigkeit von $\pm$ 0,5 mm erreicht.

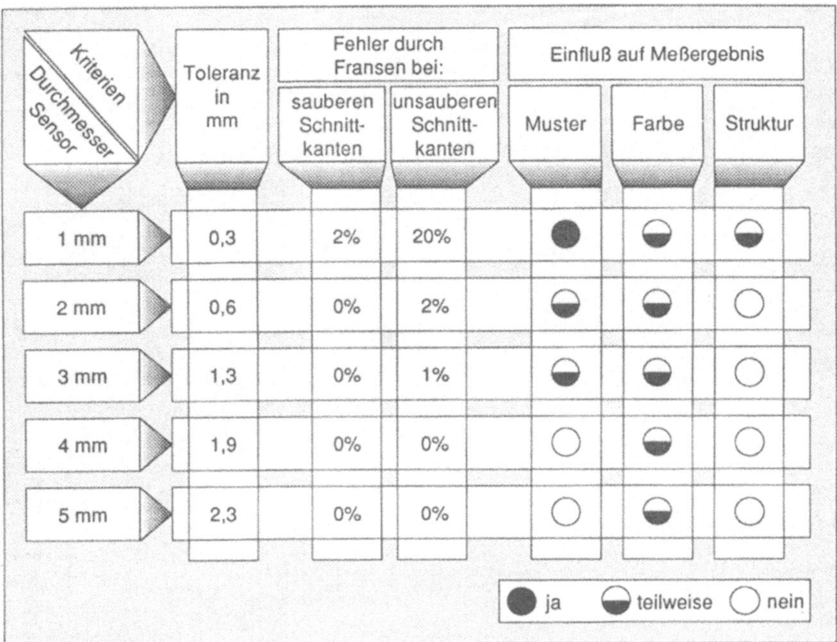

Kriterien / Durchmesser Sensor	Toleranz in mm	Fehler durch Fransen bei: sauberen Schnittkanten	Fehler durch Fransen bei: unsauberen Schnittkanten	Einfluß auf Meßergebnis: Muster	Einfluß auf Meßergebnis: Farbe	Einfluß auf Meßergebnis: Struktur
1 mm	0,3	2%	20%	ja	teilweise	teilweise
2 mm	0,6	0%	2%	teilweise	teilweise	nein
3 mm	1,3	0%	1%	teilweise	teilweise	nein
4 mm	1,9	0%	0%	nein	teilweise	nein
5 mm	2,3	0%	0%	nein	teilweise	nein

Bild 32: Ergebnisse der Sensorversuche

5.3.2 Lösungskonzepte für eine Halteeinrichtung

Für das Orientieren und Positionieren ist eine Halteeinrichtung erforderlich, die das Textil fixiert und anschließend an die gewünschte Position bewegt. Dies bedeutet, daß ein hoher Reibschluß zwischen der Halteeinrichtung und Textil und eine minimale Reibung zwischen Textil und Auflagefläche zu erzielen ist.

Eine Halteeinrichtung, die das gesamte Teil bis hin zum Randbereich abdeckt, ist gut geeignet, um die Teile sicher zu orientieren. Bei häufig wechselnden Produktspektren ist sie jedoch zu unflexibel und zu schwer. Reduziert man die flächenförmige Halteeinrichtung auf einen Dreipunktstempel, sind dessen Möglichkeiten bezüglich unterschiedlicher Geometrien der Teile nahezu unbeschränkt, sofern die Abstände zwischen den drei Stempeln entsprechend der Kontur verstellbar sind.

Bild 33 zeigt die entwickelten Prinzipien für unterschiedliche Halteeinrichtungen.

Ausführung der Halteeinrichtung	Skizze	Beurteilung
Ganzflächig	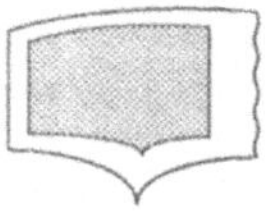	+ konturengetreue Haltefläche – unflexibel bzgl. veränderter Kontur – konst. Anpreßdruck über die Fläche erforderlich
Mehrfachlinien	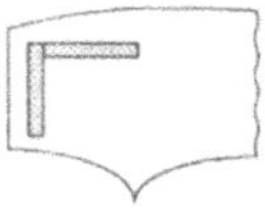	– geradlinige Fixierung der Konturen – konst. Anpreßdruck über Linie erforderlich
Mehrfachpunkte	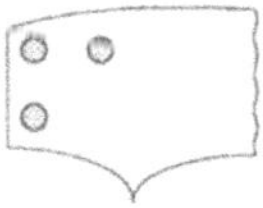	+ Fixierung unterschiedlicher Konturen durch verstellbare Anpreßpunkte + Anpreßdruck individuell einstellbar
Einfachlinien	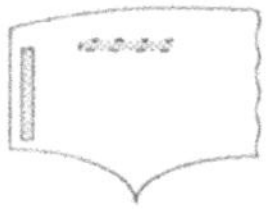	+ geradlinige Fixierung an einer Kante – Veränderung der Kontur beim Drehen – nur geeignet für Positionierung in einer Richtung
Zweifachpunkte	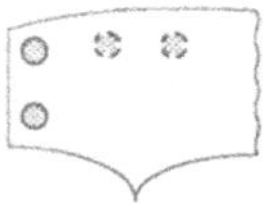	+ verstellbere Fixierung an einer Kante – Veränderung der Kontur beim Drehen – nur geeignet für Positionierung in einer Richtung

Bild 33: Gestaltungsmöglichkeiten einer Halteeinrichtung

Es sind folgende Einflußfaktoren zu berücksichtigen:

- Textilart
- Unterlage und Anpreßdruck
- Drehwinkel
- Abstand Textilkante zu Stempel.

Eine übergreifende mathematische Betrachtung der verschiedenen Abhängigkeiten ist hier nicht sinnvoll, da Reibwerte, das Verhalten des Textilteils unter Druck sowie Faltenbildung mathematisch nicht ausreichend exakt beschrieben werden können. Genauere Aussagen hierzu lassen sich nur durch die stochastische Ermittlung der jeweiligen Parameter treffen.

Zur Untersuchung des Umschlagverhaltens und der Faltenbildung beim Orientieren der Textilien wird eine Halteeinrichtung aufgebaut. Sie besteht aus einer Grundplatte mit drei

Stempeln. Versuche zur Bestimmung geeigneter Stempel haben ergeben, daß modifizierte Pneumatiksaugfüße optimal geeignet sind, da einerseits die Teile nicht unter den Stempeln wegrutschen und andererseits durch die kleine elastische Verformung der Teile am Stempelfuß die Stabilität des Textils erhöht wird. Der Anpreßdruck ist variabel einstellbar.

Die Halteeinrichtung wird an einem Handhabungssystem angebracht, um unterschiedliche Bewegungsabläufe zu erzeugen. Den gesamten Versuchsaufbau zeigt *Bild 34*.

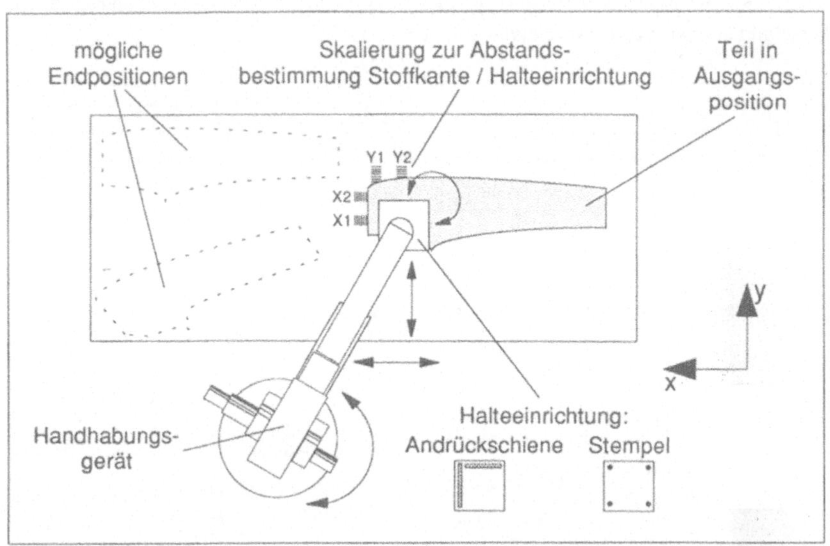

Bild 34: Versuchsaufbau zur Untersuchung des Textilverhaltens beim Orientieren und Positionieren

Die Auflagefläche für die Textilien sind Plexiglas, polierter Stahl sowie beschichtetes Holz, wie es auch für manuelle Arbeitsplätze Verwendung findet. Zur Simulation möglicher Orientierungsvorgänge in der Vorfertigung wird ein Programm mit rotatorischen und linearen Bewegungsabläufen erstellt.

5.3.3 Untersuchung des Verhaltens textiler Teile

Ziel der nachfolgenden Versuche ist es, den maximal zulässigen Abstand der Stempel von der Kontur des Textilteils zu ermitteln, bei dem das Teil am Randbereich nicht umschlägt oder Falten bildet und dadurch seine Geometrie so verändert, daß es nicht mehr exakt positioniert werden kann. Ein minimaler Randabstand der Stempel von mindestens 20 mm ist notwendig, um das Teil ohne Kollisionsgefahr unter den Drückerfuß einzuschieben.

Bereits bei den ersten Versuchen zeigt sich, daß die Plexiglasplatte als Unterlage für einige Textilien nicht eingesetzt werden kann. Ursache hierfür ist das elektrostatische Verhalten, wodurch die Teile dazu neigen, an der Platte "festzukleben" und eine Orientierung ohne Faltenbildung unmöglich wird. Die weiteren Versuche werden daher auf Platten aus poliertem Stahl und beschichtetem Holz durchgeführt.

Während der Versuche werden die Abstände der Stempel vom Randbereich, der Abstand und Winkel der Stempel zueinander sowie die Verfahrgeschwindigkeit verändert. Einen Ausschnitt aus den Versuchsprotokollen zeigt *Bild 35*.

Halteeinrichtung: Variante 1						Drehpunkt: D3		
Unterlage: Tisch furniert						Drehwinkel: -30° bis +10°		
Textilart	X1	X2	Y1	Y2	Versuch Nr.	Einfahren ja	Einfahren nein	Bemerkungen
mittlerer Baum-woll-stoff 2	80	80	80	68	05/4/132	x		keine Wellenbildung
	60	60	60	48	05/4/133	x		
	40	40	40	30	05/4/134	x		
	20	20	20	8	05/4/135	x		
Cool Wool	80	80	80	70	06/4/136	x		keine Wellenbi…
	60	60	60	50	06/4/137	x		
	40	40	40	30	06/4/138	x		
	20	20	20	10	06/4/139	x		
leichtes Polyester-gewebe	80	80	80	65	07/4/140	x		
	60	60	60	50	07/4/141	x		
	40	40	40	30	07/4/142			
	20	20	20	10				
schwerer Arbeits-köper	80	80						
	60							

Drehbewegung
Textil
Auflagepunkte
Drehpunkt D3

Bild 35: Textilverhalten beim Orientieren und Positionieren

Soll ein flexibler Einsatz der Halteeinrichtung über alle getesteten Textilien gewährleistet sein, so ist der Randabstand der Stempel kleiner als 60 mm zu wählen, wie die durchgeführten Versuche ergeben. *Bild 36* zeigt die maximal möglichen Randabstände für alle getesteten Textilien. Werden die Abstände größer gewählt, tritt bei einigen Teilen Wellenbildung oder ein Umschlagen der Ecken auf.

Der Zusammenhang des Textilverhaltens in Abhängigkeit von der Biegesteifigkeit sowie der Scherhysterese ist klar erkennbar. Je höher die Biegesteifigkeit und die Scherhysterese ist, desto weiter kann der Abstand der Stempel vom Randbereich gewählt werden. Die

Scherhysterese läßt Schlüsse auf die Beweglichkeit der Garne im Gewebe zu. Je höher der Wert ist, desto schwieriger kann das Gewebe in eine dreidimensionale Form gebracht, d. h. seine Kontur verändert werden /19/. Ein Unterschied beim Umschlagverhalten bei Versuchen mit einer Unterlage aus beschichtetem Holz und poliertem Stahl ist nicht zu erkennen.

Kriterien / Textil	Biegesteifigkeit [cN·cm]	Scherhysteresehöhe [cN/cm]	Randabstand bei Rotation + 30° [mm]		Randabstand bei Rotation - 30° [mm]		Randabstand bei Rotation + 30°/-10° [mm]	
			x	y	x	y	x	y
schwerer Denim	2,47	64,89	90	86	85	87	89	87
mittlerer Denim	0,62	32,82	79	74	77	80	75	76
leichter Denim	0,28	12,19	68	65	66	67	70	66
mittlerer Baumwollstoff 1	0,29	7,8	69	68	70	71	71	67
mittlerer Baumwollstoff 2	0,34	8,8	68	66	65	67	69	67
Cool Wool	0,11	1,95	66	63	65	68	68	65
leichtes Polyestergewebe	0,17	3,42	62	63	64	61	63	61
schwerer Arbeitsköper	0,33	20,34	71	70	69	68	73	72
mittelschwerer Gabadin	0,15	4,31	63	64	65	63	66	64
Feincord	0,05	3,73	62	61	61	60	63	61
Leinengewebe	0,27	1,07	64	64	67	64	66	65

Bild 36: Ermittlung des maximalen Randabstandes der Stempel zur Kontur der Textilteile ohne Faltenbildung

Die Versuche bestätigen, daß ein Halteeinrichtung mit drei Stempeln für das partielle Orientieren und Positionieren am besten geeignet ist. In Verbindung mit der entwickelten OPS, dem Einsatz der ausgewählten Sensoren und deren Einbau in eine Platte ist ein exaktes Positionieren des Teils unter der Nadel möglich. Weiter kann ein genügend großer Abstand der Stempel von der Textilkante eingehalten werden, der das Einfahren des Textils am Nahtanfang unter den Drückerfuß der Nähmaschine ohne Kollisionsgefahr erlaubt.

6 Entwicklung eines Moduls zur Ablage von genähten Textilien unter Beibehaltung des Ordnungsgrades

6.1 Prinzipien für das Ablegen von Textilien

Grundgedanke bei der Entwicklung von Prinzipien für das Ablegen von Textilien ist es, die bearbeiteten Textilteile unter Beibehaltung ihres bereits erzielten Ordnungsgrades an nachfolgende Arbeitsstationen zu übergeben. Lösungsprinzipien, bei denen die Teile wieder direkt übereinander abgelegt werden, sind hierzu nicht geeignet. Hierbei treten nicht kalkulierbare Höhendifferenzen in Bereichen auf, in denen bereits Falten gelegt oder zusätzliche Teile aufgebracht wurden. Zusätzlich wird ein erneuter Vereinzelungsvorgang notwendig.

Für das vorvereinzelte Ablegen sind zwei Prinzipien denkbar. Zum einen das Ablegen, bei dem das gesamte Teil abgelegt oder fixiert wird oder zum anderen das Ablegen in Teilbereichen, bei dem nur ein oder mehrere Bereiche fixiert werden (*Bild 37*).

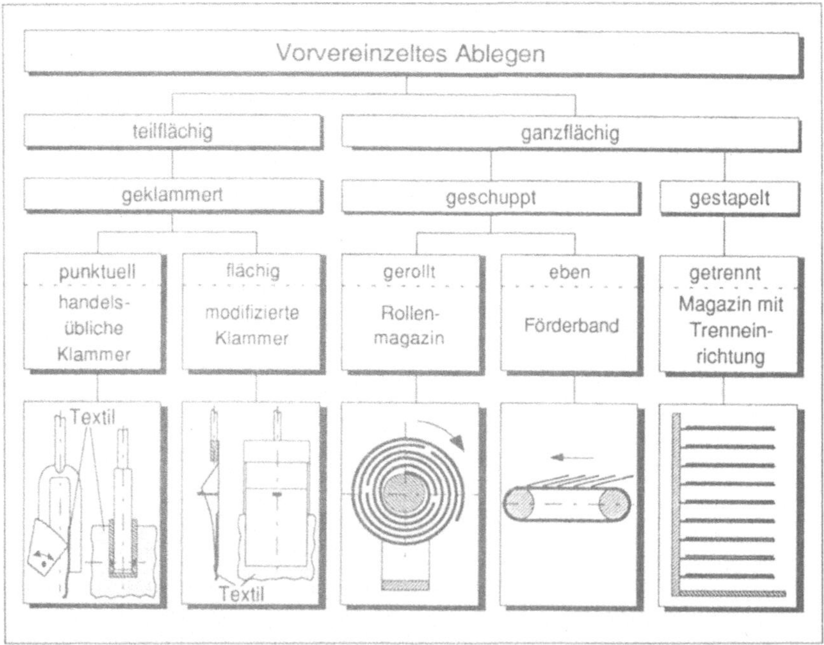

Bild 37: Entwickelte Prinzipien und Konzepte zum Ablegen von genähten Textilien

Für das ganzflächige Ablegen ergeben sich die Möglichkeiten, die Teile gestapelt oder geschuppt abzulegen. Beim Stapeln ist zwischen den einzelnen Textilien eine Trennlage vorzusehen, um die Teile an nachfolgenden Stationen vorvereinzelt bereitzustellen. Hierfür werden aufwendige Zusatzeinrichtungen erforderlich.

Prinzipbedingt ergeben sich beim geschuppten Ablegen partielle Höhenunterschiede bei den Teilen, unabhängig davon, ob die Teile gerollt oder horizontal geschuppt abgelegt sind. Weiter besteht die Gefahr von unkontrollierbaren gegenseitigen Verschiebungen.

Beim bereichsweisen Ablegen ist wiederum zwischen flächigem und punktuellem Ablegen zu unterscheiden. Beim punktuellen Ablegen eines Textils mit einer handelsüblichen Klammer geht die erzielte Ordnung jedoch wieder verloren. Aus der handelsüblichen Klammer, in die das Teil vereinzelt, aber nur unzureichend geordnet abgelegt wird, kann eine modifizierte Klammer mit neu gestaltetem Klammerbereich abgeleitet werden. Der Klammerbereich ist flächig ausgebildet, so daß das Textilteil in einer definierten Orientierung geklemmt werden kann. Durch den veränderten Klammerbereich ist sie in der Lage, den Ordnungsgrad in Teilbereichen des Textils während des Transportes beizubehalten. Sie kann problemlos in bestehenden Fertigungen eingesetzt werden, da häufig Hängeförderanlagen zur Verkettung der einzelnen Bearbeitungsstationen eingesetzt werden.

Erfolgt mit einer modifizierten Klammer die Fixierung im Bereich des Nahtbeginns, ist eine Automatisierung der Handhabungs- und Nähvorgänge im Prinzip möglich, wie durchgeführte Untersuchungen an nachfolgenden Arbeitsstationen zeigen.

Die Bewertung der verschiedenen Konzepte ergibt einen klaren Vorteil für eine Positionierklammer mit Grund- und Schließplatte (*Bild 38*).

6.2 Konzeption einer Klammer für Textilien

6.2.1 Grundsätzliche Gestaltungsmöglichkeiten einer Klammer mit Klemmflächen

Klammern lassen sich generell nach dem mechanischen Prinzip eines Öffners oder Schließers ausbilden. Öffner sind im unbetätigten Zustand geschlossen. Sie haben den Vorteil, daß die Schließkraft immer auf das geklammerte Teil einwirkt und somit ein unbeabsichtigtes Herausfallen des Teiles nahezu unmöglich ist. Schließer erfordern hierfür einen entsprechenden Verriegelungsmechanismus, der die Klammer in geschlossenem Zustand hält.

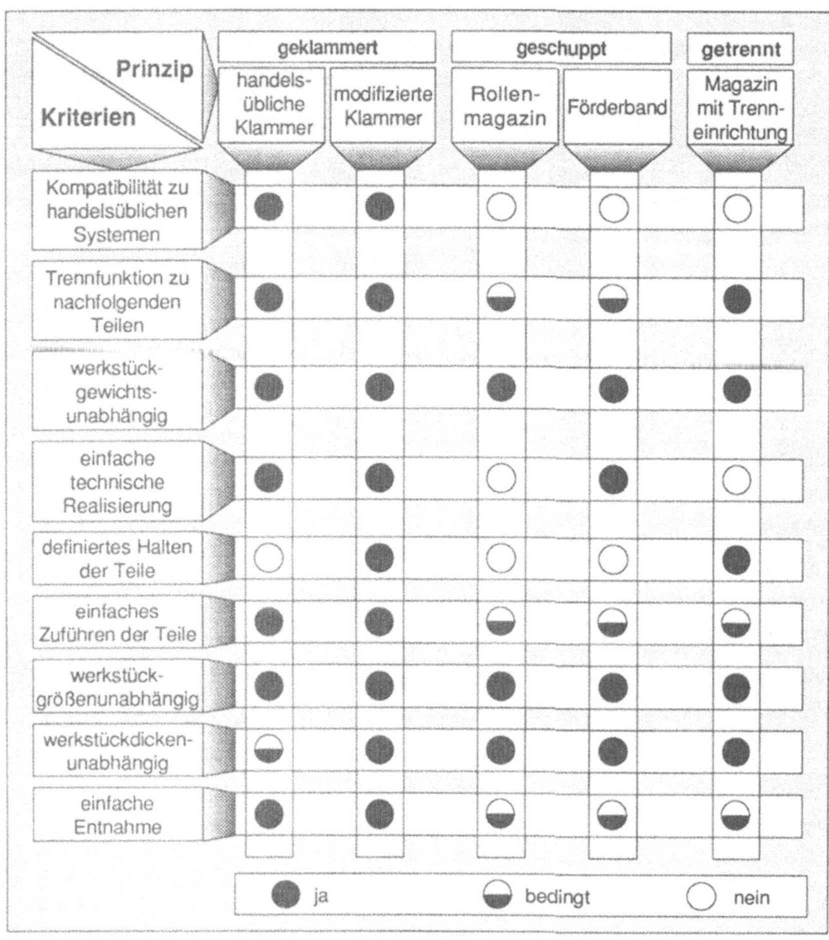

Bild 38: Bewertung der Konzepte

Während des Nähvorgangs bleibt das Textilteil eben auf der Nähplatte und wird vom Transporteur der Nähmaschine und einem Zusatztransport synchron zum Nähfortschritt in Nährichtung weitergeführt. Hieraus leitet sich eine Positionierklammer ab, bei der eine Klammerbacke als Grundplatte dienen kann und somit während der Schließbewegung ihre Position nicht verändert. Dies hat den wesentlichen Vorteil, daß die Grundplatte auf den Nähtisch aufgelegt werden kann, um das Teil einzuschieben, ohne daß während der Schließbewegung das Teil seine Orientierung oder Position verändert.

In *Bild 39* sind verschiedene Klammerprinzipien sowie deren Bewertung hinsichtlich ihrer Eignung zum Ablegen von Textilien dargestellt.

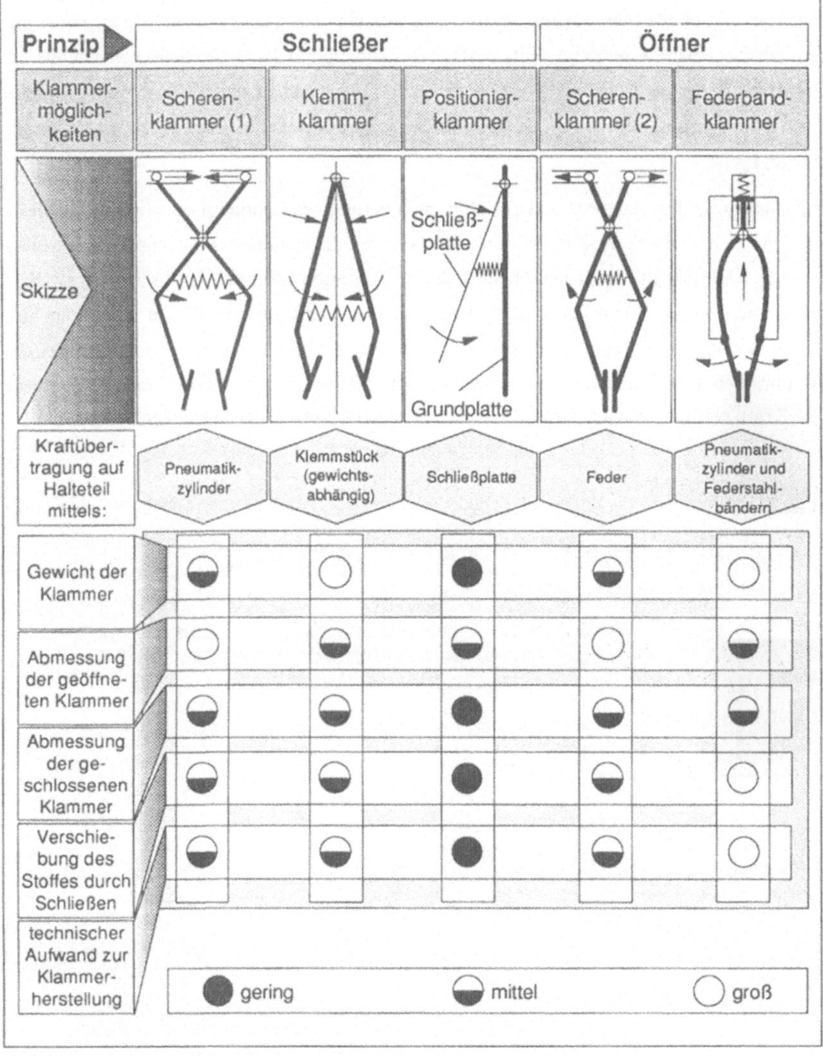

Bild 39: Bewertung der Klammerprinzipien mit Klemmflächen

Infolge des einfachen funktionalen Aufbaus sowie der Möglichkeit, die Klammer mittels der Grundplatte an nachfolgenden Arbeitsstationen zu orientieren und positionieren, wird die Klammervariante mit Schließplatte ausgewählt.

Um die Haltekraft der Klammer im geschlossenen Zustand zu erhalten, wird ein Schließmechanismus benötigt. Ein einfacher Schnapphebel als Schließmechanismus ist hierfür die geeignete Lösung, da sowohl eine einfache automatische als auch eine manuelle Handhabung ermöglicht wird und ein geringer mechanischer Aufwand zur Realisierung notwendig ist.

Zur Auslegung des Materials und zur Dimensionierung der Schließplatte wird ein theoretisches Modell entwickelt. Hierbei wird die aus der idealisierten Flächenpressung resultierende Anpreßkraft F_A so berechnet, daß das Teil auch während des Transportes sicher geklammert bleibt. *Bild 40* zeigt die an der Klammer auftretenden Kräfte und Momente. Die Anpreßkraft (Haltekraft) ist durch reinen Kraftschluß und nicht durch Formschluß aufzubringen, da ansonsten die Teile durch Abdrücke beschädigt werden können. Ihr wirkt eine Kraft, resultierend aus dem Rückstellmoment M_F der Federn, entgegen.

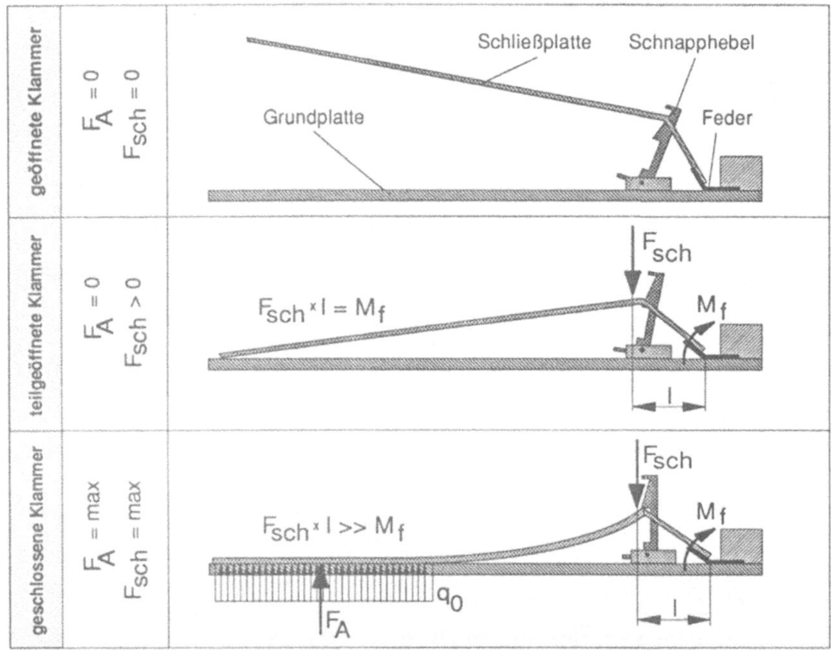

Bild 40: Kräfte und Momente beim Schließen der Positionierklammer

Die Größe und Gestaltung der Klemmflächen richtet sich nach der Fähigkeit, die geklemmten Teile während des Transportes unverändert in ihrer Position zu halten, ohne daß diese im Klammerbereich umknicken und so das Orientieren bei nachfolgenden Arbeitsschritten unmöglich machen.

6.2.2 Berechnung der Schließkräfte einer Positionierklammer

Die Berechnung der Schließkräfte erfolgt hier vereinfacht. Es können folgende Punkte vernachlässigt werden:

- Die real auftretende Klemmkraft F_A ist größer als die theoretisch berechnete, da der Anpreßdruck durch den Klemmkeil außer acht gelassen wird.
- Im Bereich der Schließplatte, in welchem der Schnapphebel einrastet, tritt nahezu keine Biegung auf.

Es ergeben sich die in *Bild 41* dargestellten Belastungen an der Klammer.

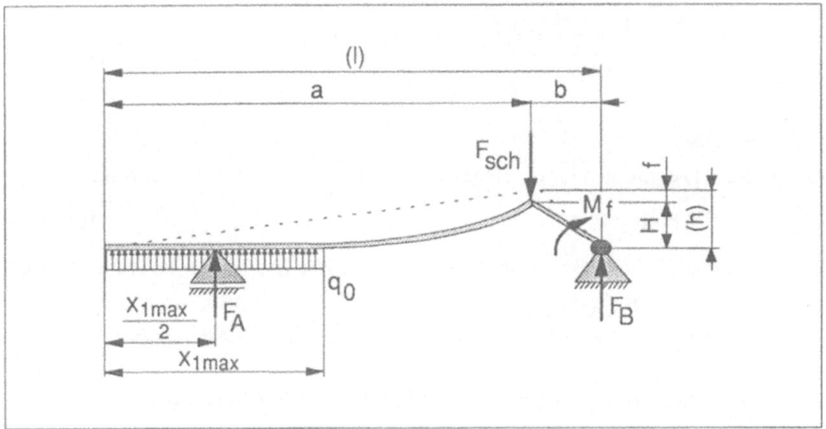

Bild 41: Dimensionen der Positionierklammer

Im folgenden soll die theoretische Ermittlung der Durchbiegung f der Klammer am Schließmechanismus erfolgen, um die Zusammenhänge zwischen der Höhe des Einrastpunktes und der verwendeten Werkstoffe der Schließplatte zu bestimmen. Um ein Teil sicher zu halten, ist an der Klemmstelle zwischen Schließ- und Grundplatte eine konstante Flächenpressung aufzubringen. Die resultierende Kraft F_A dieser Flächenkraft entsteht an der Stelle $X_{1max} / 2$. Für das sichere Halten eines Textilteils in Richtung F_G gilt:

$$F_A = \frac{1}{\mu} \cdot m_{tex} \cdot g \cdot S \qquad (8)$$

Als Sicherheitsfaktor wird ein Wert $S > 2$ gewählt, um zu gewährleisten, daß der Ordnungsgrad aufrechterhalten bleibt, auch wenn das Teil bei einem Transportvorgang an Fertigungseinrichtungen oder Mitarbeitern entlangstreift.

Die hierbei zum Schließen der Klammer notwendige Schließkraft F_{sch} errechnet sich aus der Summe der Momente um den Punkt B.

$$M_F = -F_A \cdot \left(1 - \frac{x_{l\,max}}{2}\right) + F_{sch} \cdot b \qquad (9)$$

$$F_{sch} = \frac{M_F + F_A \cdot \left(1 - \frac{x_{l\,max}}{2}\right)}{b} \qquad (10)$$

Aus der errechneten Schließkraft F_{sch} kann die Durchbiegung f am Kraftangriffspunkt von F_{sch} mit der Formel

$$f = \frac{F_{sch} \cdot \left(1 - \frac{x_{l\,max}}{2}\right)^3}{3 \cdot E \cdot I_y} \cdot \left(\frac{a - \frac{x_{l\,max}}{2}}{1 - \frac{x_{l\,max}}{2}}\right)^2 \cdot \left(\frac{b}{1 - \frac{x_{l\,max}}{2}}\right)^2 \qquad (11)$$

errechnet werden.

Aus (8) bis (11) ergibt sich für die Höhe der Schließvorrichtung am Einrastpunkt

$$H = h - f. \qquad (12)$$

Beim Einrasten der Schließplatte in der ermittelten Höhe H wirkt die konstante Flächenpressung q_0 zwischen Schließ- und Grundplatte. Das Werkstück wird dann mit der Anpreßkraft F_A, welche als Resultierende aus der Flächenpressung hervorgeht, geklemmt.

6.2.3 Prinzipien zum Ablegen der Textilteile in einer Positionierklammer

Für das Ablegen der Teile in die Klammer ist die Nährichtung entscheidend. Die Teile verlassen die Nähmaschine mit dem Nahtanfang in Transportrichtung.

Für das Ablegen der Teile im geordneten Zustand mittels einer Positionierklammer ergeben sich nun die Möglichkeiten, das Teil am

- Nahtanfang oder
- Nahtende

zu fassen.

Für das Klammern am Nahtanfang erübrigt sich häufig eine aufwendige Einrichtung zur Übergabe der Teile an die Klammer, da diese in Transportrichtung eingelegt werden können. In diesem Fall erlaubt der Nähmaschinentransport in Verbindung mit einem zur Nährichtung parallel ausgerichteten Zusatztransport das Einlegen in die Klammer. Für das Klammern am Nahtende müssen die Teile zuerst "gewendet" werden. Welches Prinzip zur Anwendung kommt, hängt von den Anforderungen nachgeschalteter Arbeitsstationen ab und muß entsprechend dem Anwendungsfall konstruktiv ausgearbeitet werden.

6.3 Entwicklung einer Positionierklammer

6.3.1 Komponenten der Positionierklammer

Um die Klammer im geöffneten Zustand zu halten, werden Federelemente verwendet, die mit der flächige Grundplatte verbunden sind. In ihrer Grundausführung sind sowohl die Grundplatte als auch die Schließplatte rechteckig ausgebildet. Um Anpassungen an spezielle Textilien vornehmen zu können, sind die Platten ohne großen Aufwand austauschbar.

Zur Anbindung an unterschiedliche Verkettungseinrichtungen wird eine mechanische Schnittstelle definiert, an welche die verschiedenen Transportbügel unterschiedlicher Systeme angeflanscht werden können. Dadurch wird eine universelle, systemunabhängige Verwendung der Klammer ermöglicht.

Die Schließvorrichtung ist so gestaltet, daß die Klammer manuell oder automatisch geöffnet oder geschlossen werden kann. Das Schließen der Klammer erfolgt durch Krafteinwirkung auf die Schließplatte. Zum manuellen Öffnen wird die Schließvorrichtung von Hand aus der Einraststellung bewegt. Eine Durchgangsbohrung unterhalb der Schließvorrichtung ermöglicht das automatische Ausrasten der Schließvorrichtung.

Zur Identifikation der Klammer ist ein Datenträger angebracht, dessen Gestaltung sich nach den Erfordernissen der jeweiligen Verkettungseinrichtung richtet. Mit ihm können Produktionsdaten und Informationen über das Textilteil verknüpft werden.

Bild 42 zeigt die entwickelte Klammer, die sowohl in automatischen Systemen als auch an manuellen Arbeitsplätzen Verwendung finden kann. Die Federelemente halten die Schließplatte in geöffnetem Zustand. Nach Einwirken der Schließkraft schnappt die Schließvorrichtung ein und das Teil wird geklemmt.

Um die Positionierklammer auslegen zu können, müssen in Versuchen Anpreß- und erzielbare Haltekräfte ermittelt werden.

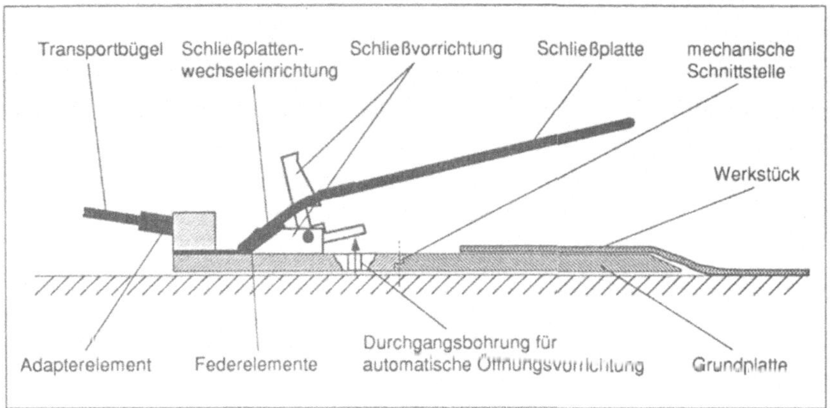

Bild 42: Aufbau der Positionierklammer

Dazu wird ein Kraftmesser mit der Schließplatte der Positionierklammer verbunden, wodurch die Messung der Anpreßkraft ermöglicht wird. Zur Messung der Haltekräfte ist ebenfalls ein Kraftmesser an die zu untersuchenden Textilien geklemmt. Es werden Versuchsklammern gefertigt, deren Schließplatten aus unterschiedlichen Materialien sowie Materialdicken bestehen. Als Versuchsmaterialien werden die Thermoplaste POM (Polyoxymethylen) und PETP (Polyethylenterephthalat) ausgewählt. Diese Werkstoffe sind für flexible Verbindungen aufgrund ihres guten Federungsverhaltens infolge günstiger elastischer Eigenschaften hervorragend geeignet. Sie werden deshalb häufig auch für Schnappverbindungen eingesetzt und sind daher für die Schließplatten an den Positionierklammern verwendbar.

6.3.2 Durchführung und Auswertung von Versuchen

Die Versuche dienen zur Ermittlung der Haltekräfte bei unterschiedlichen Ausführungen der Schließplatte sowie zum Vergleich mit den theoretisch ermittelten Werten.

Um die Versuche vergleichbar zu gestalten, wird von einer konstanten Klemmflächengeometrie und Anpreßkraft ausgegangen. Die resultierende Schließkraft ergibt sich aus den in Kapitel 6.3.1 durchgeführten Berechnungen. Die Kräfte zum Schließen der Klammer sind abhängig von den verwendeten Materialien sowie der Größe der Positionierklammer. Die Ergebnisse der Versuche sind in *Bild 43* zusammengefaßt.

Versuchsprotokoll		Klammer 1		Klammer 2	
Material des Schließblechs		POM Polyoxymethylen		PETP Polyethylenterephthalat	
E-Modul (N/mm²)		3500		3000	
Dicke der Schließplatte (mm)		1	2	1	2
Klemmlänge (mm)		110	110	110	110
Anpreßkraft (N)		2		2	
Schließkraft (N)		12,4	4,8	12,4	4,8
Durchbiegung f (mm)		4,6	3,8	5,2	5
Textilart	Gewichtskraft (N) des Teils	Haltekraft der Positionierklammer (N)			
schwerer Denim	1,66	2,64	2,5	2,59	2,62
mittlerer Denim	1,03	1,66	1,7	1,68	1,69
leichter Denim	0,65	1,07	1,11	1,06	1,09
mittlerer Baumwollstoff 1	0,88	1,47	1,51	1,49	1,49
mittlerer Baumwollstoff 2	1,07	1,56	1,61	1,61	1,56
Cool Wool	0,53	1,76	1,72	1,74	1,76
leichtes Polyestergewebe	0,83	1,96	1,93	1,94	1,96
schwerer Arbeitsköper	0,68	1,37	1,39	1,38	0,138
mittelschwerer Gabadin	0,78	1,66	1,68	1,67	1,66
Feincord	0,53	1,96	1,93	1,95	1,95
Leinengewebe	0,78	1,47	1,49	1,48	1,48

Bild 43: Ermittlung der Haltekräfte in Versuchen

Die durchgeführten Messungen zeigen, daß die glatten Oberflächen der verwendeten Materialien nur einen ungenügenden Reibschluß zwischen der Grund- und Schließplatte und den zu klammernden Teilen erzeugen. Aus diesem Grund werden elastische Streifen mit hohem Reibbeiwert an die Innenseite der Schließplatte angebracht. Ein weiterer Vorteil beim Aufbringen der elastischen Streifen besteht darin, daß Unregelmäßigkeiten in der Höhe des Materials wie z. B. Bundfalten oder aufgenähte Taschen ausgeglichen werden. Zusätzlich verringern sich die Unterschiede der Haltekräfte zwischen rechter und linker Warenseite, wodurch für das sichere Klammern ein seitenrichtiges Einlegen nicht mehr erforderlich ist.

Die geklammerten und partiell positionierten Teile können über eine Förderanlage an nachfolgende automatisierte Arbeitsplätze transportiert werden. Das Ausrichten der Klammer und somit des Textils kann über eine einfache mechanische Einrichtung erfolgen.

7 Leitlinien für die Auswahl und Kombination von Funktionsmodulen für flexibel automatisierte Nähanlagen

7.1 Vorgehensweise bei der Entwicklung von flexibel automatisierten Nähanlagen

Als Hilfestellung bei der Entwicklung von flexibel automatisierten Nähanlagen werden Leitlinien erarbeitet. Dabei wird zur besseren Übersicht zwischen den Leitlinien, welche die Gesamtanlage betreffen und denen, die Teilkomponenten betreffen, unterschieden. Die entwickelten Leitlinien unterstützen den Anwender bei der Ermittlung eines geeigneten Automatisierungs- und Flexibilitätsgrades in Abhängigkeit von den spezifischen Randbedingungen seiner Produktion, beim schrittweisen, modularen Aufbau einer Gesamtanlage sowie bei der Auswahl von geeigneten Systemkomponenten.

Die Vorgehensweise bei der Neuentwicklung von flexibel automatisierten Nähanlagen sowie bei der Weiterentwicklung von Teilkomponenten bereits bestehender Anlagen zeigt *Bild 44*.

Zu Beginn der Entwicklung steht die Definition der Anforderungen in einem Anforderungsprofil. Dabei muß die Funktion, der Flexibilitätsgrad, der Automatisierungsgrad sowie weitere Randbedingungen der geplanten Anlage bzw. bereits bestehender Anlagenmodule berücksichtigt werden. Die Ausarbeitung von Lösungskonzepten sowie die Konstruktion und Realisierung der Fertigungseinrichtungen geschieht unter Beachtung der definierten Anforderungen und der erstellten Leitlinien. Die durch Tests der einzelnen Teilfunktionen gewonnenen Erkenntnisse werden bei der Modifikation mit einbezogen /52, 53, 54/. Während der Realisierungsphase der Anlage bzw. der Teilkomponenten werden diese weiteren Tests unterzogen. Abhängig von den Testergebnissen werden vor der abschließenden Qualifizierungsphase die notwendigen Modifikationen unter Hinzuziehung der relevanten Leitlinien durchgeführt.

Die Leitlinien spiegeln die während der Entwicklung der Teilkomponenten gewonnenen Erkenntnisse sowie die zahlreichen Hinweise von verschiedenen, textilverarbeitenden Unternehmen wider.

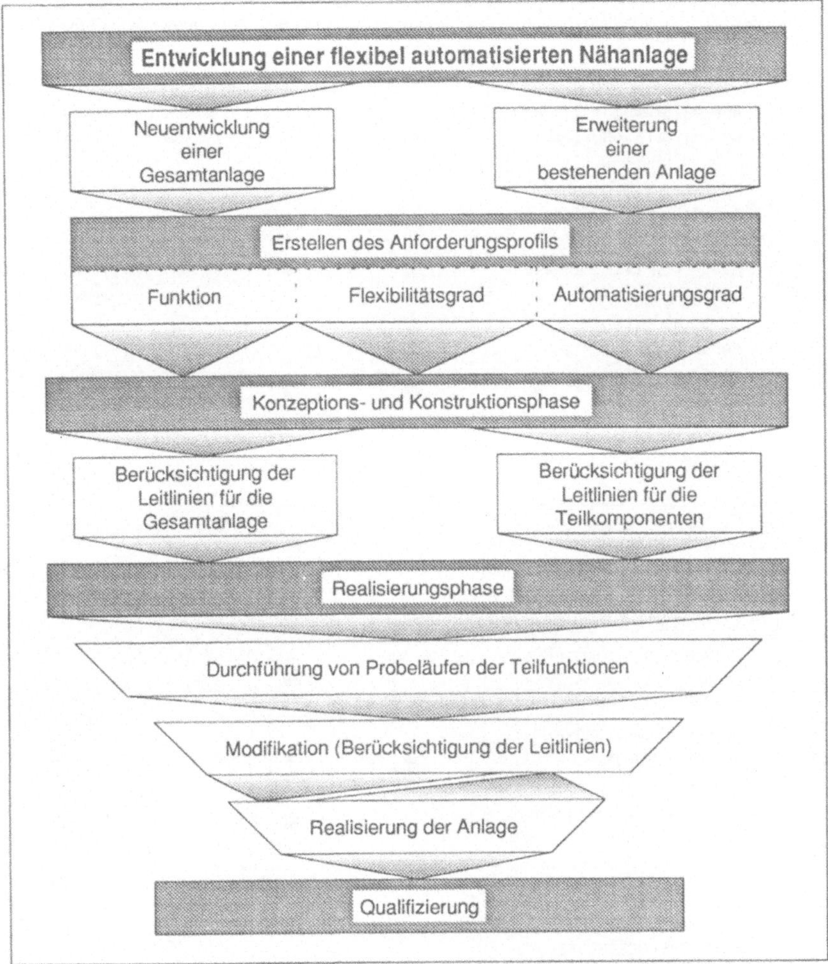

Bild 44: Vorgehensweise bei der Neu- und Weiterentwicklung von Nähanlagen

Einen Überblick darüber, welche Leitlinien bei unterschiedlichen Entwicklungsschwerpunkten anzuwenden sind und welche Auswirkungen sie auf die Gesamtanlage sowie deren Teilkomponenten haben, vermittelt *Bild 45*.

Leitlinien \ Anwendung zur			Erhöhung Automatisierungsgrad	Erhöhung Flexibilitätsgrad	Verringerung der Taktzeiten	Erhöhung der Verfügbarkeit
Gesamtanlage	1	Entscheidungsgrundlage durch Analyse der Produkt- und Produktionsdaten	●	●	●	●
	2a	Aufteilung in Module bei Entwicklung einer neuen Anlage	●	●		
	2b	Vorgehensweise für den schrittweisen Ausbau einer bestehenden Anlage	●	●		
	0	Minimierung der Anzahl der Handhabungssysteme	●		●	
	4	Auswahl eines geeigneten Handhabungssystems	●	●	●	
	5	Integration in vor- und nachgelagerte Fertigungsbereiche	●			
	6	Kontrolle der Teilfunktionen				●
Teilkomponenten	7	Geeignete Anordnung der Teile im Magazin zur Minimierung der Bewegungsabläufe des Greifers		●	●	
	8	Auswahl einer geeigneten Trennstrategie		●		
	9	Auswahl eines geeigneten Greifers zum Vereinzeln und Greifen eines Textils		●		●
	10	Auslegung einer geeigneten Greiferanordnung und Festlegung der Anzahl der Greifer	●	●		●
	11	Systemauswahl zur Erkennung der Geometrie der Textilteile		●		●
	12	Ausbildung der Unterlage beim Orientieren und Positionieren				●
	13	Auswahl von Orientierungs- und Positionierungsmodulen		●	●	●
	14	Auswahl der Peripheriekomponenten der Nähmaschine		●		●
	15	Gestaltungshinweise für Ablege- und Abführeinrichtung in Abhängigkeit vom nachgelagerten Arbeitsplatz	●		●	
	16	Geeignetes Transporthilfsmittel zur Übergabe an ein Transportsystem	●	●		●

Bild 45: ***Anwendungsbereiche der entwickelten Leitlinien***

7.2 Übergeordnete Leitlinien für die Neuentwicklung und Modifikation von Nähanlagen

Bei der Entwicklung einer neuen Nähanlage, ausgehend von der Bereitstellung bis zum Abführen der Textilteile, sind zunächst allgemeine Leitlinien zu berücksichtigen. Diese Leitlinien schaffen die notwendige Basis zur Festlegung der Gesamtstruktur sowie der Art der Integration der Anlage in den bestehenden oder vollständig neu konzipierten Produktionsablauf.

❑ **Leitlinie 1:**

Entscheidungsgrundlage durch Analyse der Produkt- und Produktionsdaten

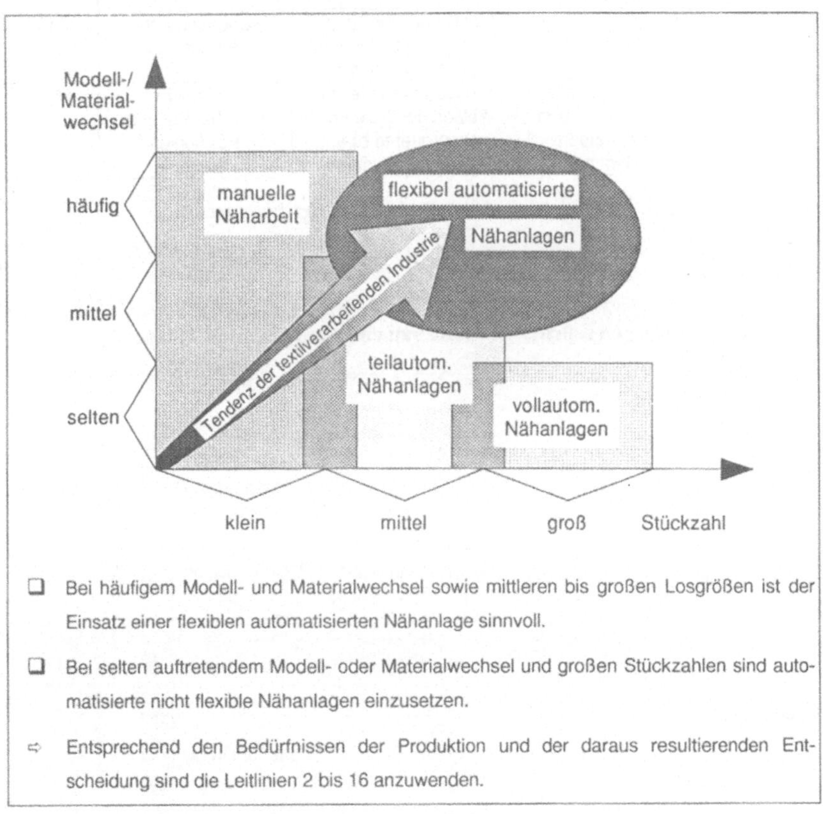

Bild 46: Entscheidungsdiagramm für einen Anlagentyp vor Beginn einer Neuentwicklung

❑ Leitlinie 2a:

Aufteilung in Module bei Entwicklung einer neuen Anlage

Fertigungs-schritt	Arbeitsinhalt	Modul	Beispiel	Weiter-führende Leitlinien
Bereitstellung	Bereitstellen der un-/teilbearbeiteten Werkstücke	manuell oder automatisch beschickbare Magaziniereinrichtungen	Ablagetisch, (nicht) höhenverstellbares Magazin	7
Vereinzeln und Greifen	Entnahme eines Teils aus dem Magazin	Vereinzelungsgreifer mit Handhabungseinrichtung sowie eine Trenneinheit	Nadelgreifer, Klemmgreifer, pneumatischer Greifer	8, 9, 10
Orientieren und Positionieren	Ausrichten des Teils mit dem Nahtanfang unter die Nadel	Halte- und Handhabungseinrichtung sowie Sensorik zum Erkennen der Kontur	Halteeinrichtung mit einstellbaren Stempeln	11, 12, 13
Nähen	Bearbeiten eines Teils an der Kontur	Nähmaschine mit Peripherieeinrichtung zum konturgerechten Nähen	Überwendlichnähmaschine	14
Ablegen und Abführen	Einbringen des genähten Teils in ein Transporthilfsmittel	Transporthilfsmittel zur Ablage der Teile im ungeordneten bzw. geordneten Zustand	Stapler, einfache Klammer, Positionierklammer	15, 16

Bild 47: Ableiten von Modulen in Abhängigkeit vom Fertigungsschritt

❑ Leitlinie 2b:

Vorgehensweise für den schrittweisen Ausbau einer bestehenden Anlage

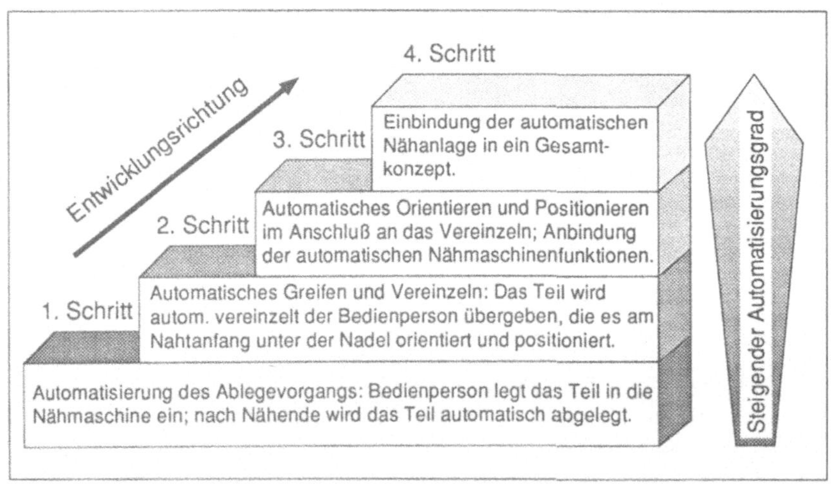

Bild 48: Schrittweises Vorgehen beim Ausbau einer bestehenden Anlage

❑ Leitlinie 3:

Minimierung der Anzahl der Handhabungssysteme

Variante	Anzahl HHS	Skizze	Beurteilung	Anwendungsfeld
1	3 (2)	HHS	- viele HHS - Arbeitsräume überschneiden sich - aufwendige Koordination	$t_{NM} \ll t_{VGB} + t_{POB}$ und $t_{AB} \leq t_{NM}$
2	2 (1)		+ klare Trennung der Arbeitsräume durch Nähmaschine + keine Kollisionsgefahr + überlappende Arbeitsweise möglich	$t_{VGB} \leq t_{POB}$ und $t_{POB} \ll t_{AB}$
3	2 (1)		+ überlappende Arbeitsweise möglich - Kollisionsgefahr	$t_{VGB} \gg t_{POB}$ und $t_{POB} \leq t_{AB}$
4	1		+ nur 1HHS - Universelle Ausbildung des Greifers oder Wechselsystem notwendig - keine überlappende Arbeitsweise möglich	$t_{NM} \gg t_{VGB} + t_{POB} + t_{AB}$

HHS ... Handhabungssystem POB ... Positionier - und Orientierungsbereich t ... Taktzeit
AB ... Ablagebereich VGB ... Vereinzelungs - und Greifbereich NM ... Nähmaschine
( ) ... Sofern Übergabe an ein Transportsystem über eine geeignete mechanische Vorrichtung erfolgt

- ❑ Die Anzahl der Handhabungssysteme bewegt sich zwischen eins und drei entsprechend der Aufteilung in Module des gesamten Arbeitsbereiches.
- ❑ Das Entscheidungskriterium, welche Anzahl und Anordnung gewählt wird, hängt u. a. von der Zykluszeit der einzelnen Module ab. Die Anordnung bestimmt auch die Gestaltung des Sicherheitsbereichs /55/.
- ❑ Idealerweise wird ein Handhabungssystem zur Durchführung der Orientierung und Positionierung eingesetzt. Der Funktionsumfang kann um das Greifen und Vereinzeln erweitert werden. Das Ablegen der Teile erfolgt über eine einfachere mechanische Vorrichtung.

Bild 49: Auswahl der maximal notwendigen Anzahl von Handhabungssystemen

❑ **Leitlinie 4:**

Auswahl eines geeigneten Handhabungssystems

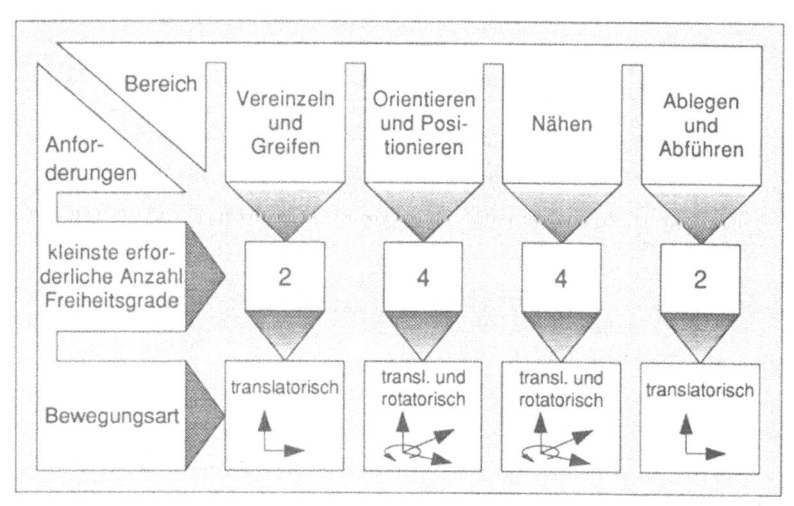

❑ Ein Handhabungssystem (Roboter) benötigt max. vier Freiheitsgrade zur Handhabung der Teile in einer flexibel automatisierten Nähanlage: Drei translatorische Achsen und eine rotatorische Achse.

❑ Die Größe des Arbeitsbereiches bestimmt die Auswahl des Roboters:

⇨ für große Arbeitsbereiche: Portalroboter

⇨ für kleine Arbeitsbereiche: Scara- oder Portalroboter

❑ Einschränkungen bei der Verwendung eines Roboters:

⇨ Mit der heute zu Verfügung stehenden Vielzahl an Handhabungssystemen sind die Bewegungen beim Greifen oder Orientieren leicht zu realisieren. Eine Ausnahme ist hier der Bereich Nähen. Da die Stichbildung beim Nähen intermittierend erfolgt, ist das Handhabungssystem auf diese Art der Bewegung abzustimmen. Die dabei auftretenden positiven und negativen Beschleunigungen sind jedoch nur mit großem Aufwand zu realisieren. Es ist daher sinnvoller, den Transport während des Nähens über einen Zusatztransport zu realisieren, der zudem mit der Nähgeschwindigkeit synchronisiert ist.

Bild 50: Auswahl eines geeigneten Handhabungssystems

❑ **Leitlinie 5:**

Integration in vor- und nachgelagerte Arbeitsbereiche

- ❑ Zur Anbindung an vorgelagerte Fertigungseinrichtungen ist das Modul zum Bereitstellen so zu gestalten, daß die Teile ohne zusätzliches Umstapeln oder Ordnen eingelegt werden können.
- ❑ Zur Anbindung an nachgelagerte Fertigungseinrichtungen ist die Spezifikation einer bereits existierenden Verkettungseinrichtung als Basis für die Gestaltung des Ablege- und Abführmoduls vorzunehmen.
- ❑ Die Schnittstellen sind zu definieren und bei der Auswahl und Realisierung der Hard- und Software zu berücksichtigen.
- ❑ Eine Anlagensteuerung ist der Produktionssteuerung unterzuordnen, sofern ein Datenaustausch erfolgen soll. Idealerweise wird hierzu eine normierte Schnittstelle verwendet.

Bild 51: Integration in vor- und nachgelagerte Arbeitsbereiche

❑ **Leitlinie 6:**

Kontrolle der Teilfunktionen

- ❑ Für alle Teilmodule sowie die Gesamtanlage sind Kontrolleinrichtungen zu integrieren. Es hat sich gezeigt, daß mindestens vier Kontrollfunktionen erfüllt werden müssen:
  - ⇨ Kontrolle des Vereinzelungsvorgangs
  - ⇨ Kontrolle des Greifvorgangs
  - ⇨ Kontrolle des Orientierungs- und Positioniervorgangs
  - ⇨ Kontrolle des Einlegevorgangs
- ❑ Die durchgeführten Versuche haben ergeben, daß optische Punktsensoren, die mit Infrarotlicht arbeiten, für nahezu alle Kontrollvorgänge verwendet werden können. Diese sind bei richtiger Justierung für alle Materialarten geeignet.

Bild 52: Kontrolle der Teilfunktionen

7.3 Leitlinien für die Entwicklung von Teilkomponenten für Nähanlagen

Die folgenden Leitlinien unterstützen die Entwicklung der Teilkomponenten einer flexibel automatisierten Nähanlage. Dadurch werden die in Kapitel 7.2 entwickelten Leitlinien für die Gesamtanlage sinnvoll ergänzt. Bei Erhöhung des Automatisierungsgrades sowie der Flexibilität einzelner Fertigungsschritte bei bestehenden Anlagen geben die Leitlinien 7 bis 16 eine wertvolle Hilfe.

❑ <u>Leitlinie 7:</u>

Geeignete Anordnung der Teile im Magazin zur Minimierung der Bewegungsabläufe des Greifers

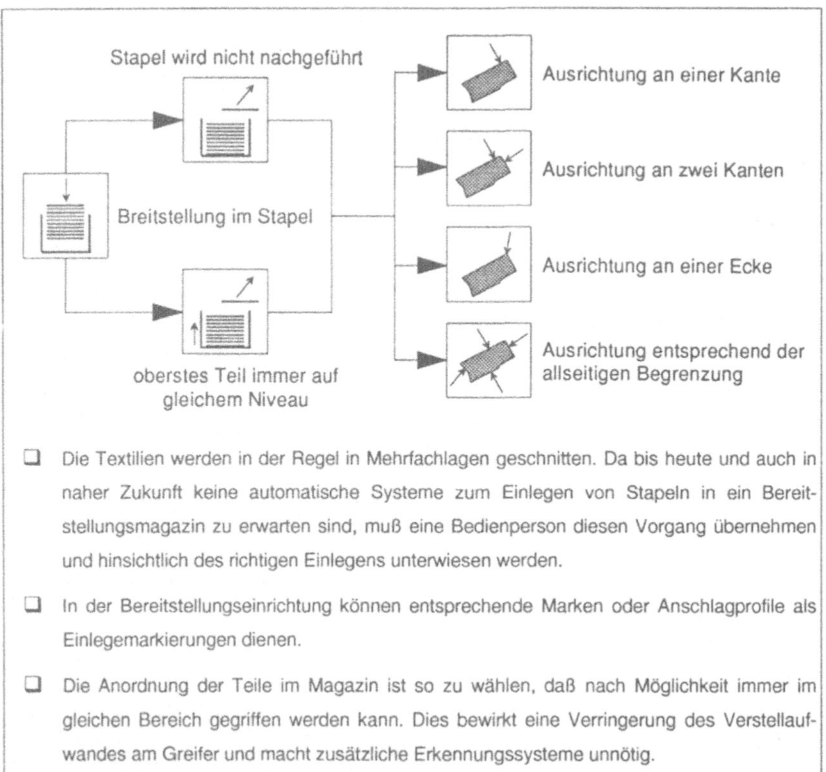

Bild 53: Kriterien zur Magazinierung der Textilteile

❑ **Leitlinie 8:**

Auswahl einer geeigneten Trennstrategie

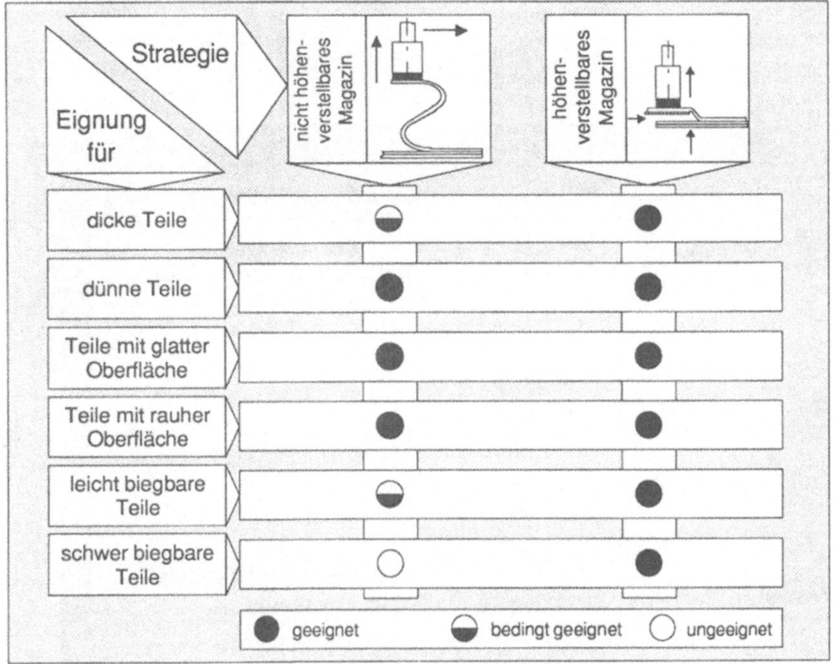

Bild 54: Trennstrategien für verschiedene Materialeigenschaften

❑ **Leitlinie 9:**

Auswahl eines geeigneten Greifers zum Vereinzeln und Greifen eines Textils

Einsatzkriterien	Greifprinzip	Greifertypen
Sehr große Losgrößen, oberflächenunempfindliche Textilien, Oberflächeneigenschaften müssen exakt bestimmbar sein.	adhäsiv	Adhäsivgreifer
Produktspektrum mit durchweg dicken, oberflächen-unempfindlichen Materialien (> 1 mm).	mechanisch	Nadelgreifer, Klemmgreifer
Große und kleine Losgrößen, auch oberflächenempfindliche Materialien, Teile gemischt in der Bereitstellungseinrichtung.	pneumatisch	entwickelter, pneu-matischer Greifer

Bild 55: Einsatzkriterien für die Auswahl eines geeigneten Greifprinzips

❑ **Leitlinie 10:**

Auslegung einer geeigneten Greiferanordnung und Festlegung der Anzahl der Greifer

Konturart		Skizze	Auslegung der Greiferanordnung
geradlinig	ohne Einschnitte	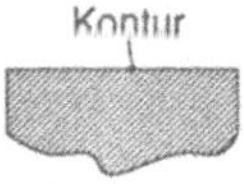 Kontur	nicht einstellbarer Greifer
	mit Einschnitten		in Querrichtung verstellbarer Greifer
gekrümmt		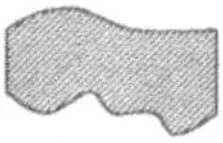	in Querrichtung verstellbarer Greifer sowie Drehung der Greifelemente um ihre Achse
geradlinig, versetzt			in Querrichtung einstellbarer Greifer

❑ Für einen sicheren Greifvorgang, bei dem auch das Umschlagen der Textilteile im Randbereich verhindert wird, sind mindestens zwei Greifer anzuordnen, sofern die Länge des zu greifenden Bereichs das Zweifache der Breite des Greifers überschreitet.

❑ Bei einer sich häufig ändernden Kontur sind die Einstellungen der Greifer automatisch durchzuführen und eine geeignete Punktsensorik zur Konturerkennung zu integrieren.

Bild 56: Ermittlung der Greiferanordnung und Anzahl der Greifer

- **Leitlinie 11:**

Systemauswahl zur Erkennung der Geometrie der Textilteile

- Bei komplexen Geometrien: flächenförmige Erkennung
  - ⇨ Unterlage muß farblich so abgestimmt sein, daß sich alle Textilteile abheben
- Bei einfacher Geometrie: Punktsensoren
  - ⇨ Geeignetes Sensorprinzip: Faseroptik (IR-Licht)
  - ⇨ Zur Erhaltung des Freiraums sind die Sensoren in die Unterlage zu integrieren.
  - ⇨ Für großes Produktspektrum geeigneter Sensordurchmesser: 2 mm
  - ⇨ Orientierung von einer Kante: erfordert mindestens zwei Sensoren
  - ⇨ Ermittlung der Orientierung von mehr als einer Kante: mindestens drei Sensoren
  - ⇨ Orientierung von zwei Kanten und Überprüfung der Position: fünf Sensoren
  - ⇨ Orientierung von zwei Kanten und Überprüfung der Orientierung: sechs Sensoren

Bild 57: Aufbau und Ermittlung der Anzahl von Erkennungssystemen

- **Leitlinie 12:**

Ausbildung der Textil-Unterlage beim Orientieren und Positionieren

- Unterlagen aus elektrostatisch aufladbaren Materialien wie beispielsweise Plexiglas sind nicht verwendbar, da die Textilien an der Unterlage anhaften und das Orientieren der Teile behindern.
- Unterlagen aus poliertem Stahl oder furniertem Holz sind aufgrund der guten Gleiteigenschaften dieser Materialien für alle Textilteile gut geeignet.
- Zur Verbesserung der Gleiteigenschaften können Luftdüsen mit einstellbarer Wirkrichtung in die Unterlage integriert werden.
- Die Unterlagen müssen bündig und eben mit den Peripheriekomponenten der Nähmaschine sowie der Nähmaschine selbst abschließen. Dadurch werden Störungen des Orientierungsablaufs durch Aufstellen oder Umschlagen der Kante eines Textils sowie eine Beschädigung oberflächenempfindlicher Textilien vermieden.
- Bei Integration von Punktsensoren in die Unterlage müssen diese bündig mit der Oberkante abschließen.

Bild 58: Ausbildung der Unterlage beim Orientieren und Positionieren

❑ <u>Leitlinie 13:</u>

Auswahl geeigneter Orientierungs- und Positioniermodule

- ❑ Bei Textilteilen mit geringer Biegesteifigkeit ist es notwendig, die durchgeführte Orientierung zu überprüfen, da die Teile im Randbereich umschlagen oder Falten bilden können.
- ❑ Bei gleichbleibendem Teilespektrum:
  - ⇨ Positionierung mit ganzflächiger Halteeinrichtung
  - ⇨ Orientierung mit Schiene und Stellzylinder
- ❑ Bei wechselndem Teilespektrum:
  - ⇨ Positionierung mit Halteeinrichtung mit Stempeln
  - ⇨ Orientierung mit Handhabungsgerät
- ❑ Geeignete Stempelausführung:
  - ⇨ Pneumatiksaugfüße mit variabel einstellbarem Anpreßdruck
- ❑ Für einen flexiblen Einsatz der Halteeinrichtung ist der Randabstand der Stempel zur Textilteilkontur kleiner als 60 mm zu wählen.

Bild 59: Einsatzbereiche von Orientierungs- und Positioniermodulen

❑ <u>Leitlinie 14:</u>

Auswahl der Peripheriekomponenten der Nähmaschine

- ❑ Bei Textilteilen mit langer Naht ist ein Zusatztransport zu verwenden, wodurch ein besseres Nähergebnis erzielt wird.
- ❑ Eine pneumatische oder mechanische Bahnkantensteuerung zur Ausrichtung der Teile quer zur Nährichtung während des Nähprozesses ist notwendig.
- ❑ Ein Sensor zur Erkennung des Nahtendes und damit Impulsgeber zum Fadenabschneider ist zu integrieren.
- ❑ Ein Fadenwächter stoppt den Nähprozeß bei Fadenriß.

Bild 60: Notwendige Peripheriekomponenten der Nähmaschine

❑ **Leitlinie 15:**

Gestaltungshinweise für Ablege- und Abführeinrichtung in Abhängigkeit vom Automatisierungsgrad des nachgelagerten Arbeitsplatzes

Automatischer nachgelagerter Arbeitsplatz:

- ❑ Automatisches Ablegen unter gesamter oder partieller Beibehaltung des Ordnungsgrades durch die Positionierklammer.

Teilautomatischer nachgelagerter Arbeitsplatz:

- ❑ Verwendung der Positionierklammer, sofern der nachgelagerte Arbeitsplatz die Zuführung eines Teils im geordneten beziehungsweise teilgeordneten Zustand erfordert. Ist dies nicht der Fall, gelten die für den manuellen Arbeitsplatz aufgelisteten Hinweise.

Manueller nachgelagerter Arbeitsplatz:

- ❑ Automatisches Ablegen unter Verlust des Ordnungsgrades (Stapler, Klammerstation).
- ❑ Manuelles Ablegen auf Tisch oder Gestell.

Bild 61: Auslegung der Ablege- und Abführeinrichtung

❑ **Leitlinie 16:**

Geeignetes Transporthilfsmittel zur Übergabe an ein Transportsystem

Transportsystem	**Transporthilfsmittel**
Hängeförderer und nachfolgender Arbeitsgang automatisiert	Verwendung einer Positionierklammer zur geordneten Zuführung der Teile an nachgelagerte Arbeitsplätze.
Hängeförderer und nachfolgender Arbeitsgang nicht automatisiert	Einsatz einer handelsüblichen Klammer bzw. Mehrfachklammer sowie einer automatischen Entklammervorrichtung.
kein Hängeförderer	Ablegen von Hand oder mit einem automatischen Stapler; der Ordnungsgrad der Teile geht hierbei verloren.

Bild 62: Transporthilfsmittel zur Übergabe an ein Transportsystem

8 Aufbau und Erprobung einer flexibel automatisierten Nähanlage

Zur Erprobung der entwickelten Verfahren, der erarbeiteten Konzeptvarianten sowie der aufgestellten Leitlinien für eine flexibel automatisierte Nähanlage wird eine Versuchsanlage aufgebaut. Aufgrund des großen Bedarfs an automatischen Systemen in der Bekleidungsindustrie wird eine Nähanlage zum Umstechen der Seitennaht von Hosenteilen gewählt. Hosenteile sind ein typisches Produkt der Bekleidungsindustrie und gelten wegen der Vielfalt der verwendeten Materialien als repräsentativ für die Bearbeitung von flächigen, textilen Materialien.

Das Umstechen der Hosenteile erfolgt in großen Stückzahlen mit häufig wechselnden Modellen, wodurch ein hoher Automatisierungsgrad mit größtmöglicher Flexibilität erforderlich wird. Innerhalb einer zu entwickelnden flexibel automatisierten Nähanlage sollen folgende Arbeitsschritte durchgeführt werden:

- flexibles Vereinzeln und Greifen der Teile vom Stapel,
- Orientieren und Positionieren,
- Nähen sowie
- geordnetes Abführen der genähten Teile mit einem Hängeförderer.

8.1 Analyse des Produktspektrums

Die Hosenteile werden im Stapel zugeschnitten, wobei der Stapel unterschiedliche Materialien enthält. *Bild 63* zeigt die Bereitstellung unbearbeiteter Hosenteile im Stapel.

Die Teile des untersuchten Produktspektrums sind aus dem Produktionsprogramm einer Hosenfertigung entnommen und weisen ein Länge von 800 bis 1400 mm sowie eine Breite von 300 bis 400 mm auf. Eine Feineinteilung hinsichtlich Biegesteifigkeit, Flächengewicht oder Farbe ist hier nicht üblich, da nahezu jedes zweite Teil eine andere Textilart, Farbe oder Oberflächenstruktur aufweist. Die Hosenteile werden daher zur besseren Übersicht grob in sechs in der Praxis verwendete unterschiedliche Materialklassen eingeteilt.

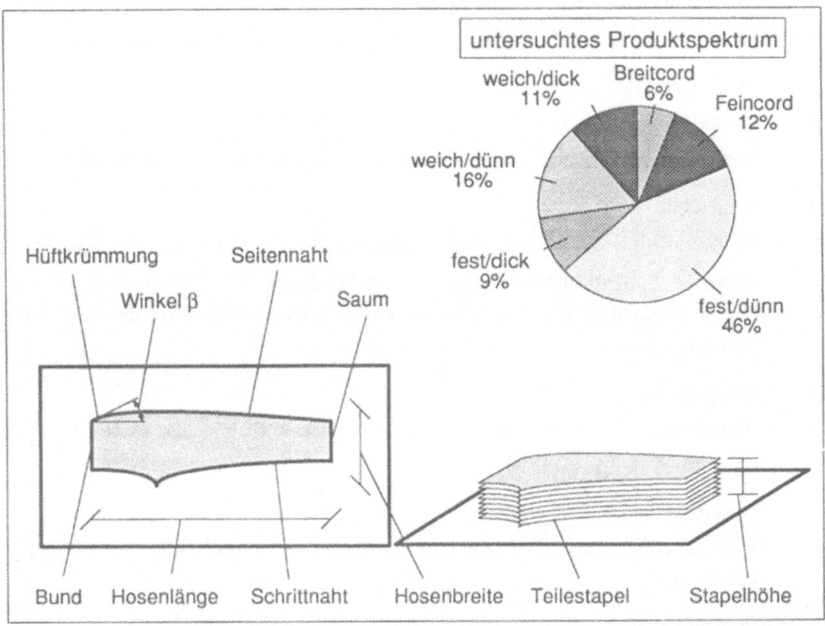

Bild 63: Darstellung von unbearbeiteten Hosenteilen und deren Bereitstellung im Stapel

8.2 Auswahl und Entwicklung geeigneter Teilkomponenten für die Nähanlage unter Anwendung der entwickelten Leitlinien

8.2.1 Gliederung der Gesamtanlage

Unter Berücksichtigung der entwickelten Leitlinien werden für die Gesamtanlage folgende Teilkomponenten ausgewählt und zu einem Gesamtsystem aufgebaut:

- Bereitstellungsmodul
  Magazin mit Niveauregulierung und Greifkontrolleinrichtung.
- Vereinzelungs- und Greifmodul
  Zwei pneumatisch wirkende Greifer mit Sensorik zum Vereinzeln der im Stapel bereitgestellten Hosenteile sowie eine Vorrichtung zum Trennen des im Greifbereich vereinzelten Teils vom Stapel.

- Orientierungs- und Positioniermodul
  Halteeinrichtung zur Orientierung und Positionierung der Hosenteile sowie in der Nähplatte integriertes Sensorfeld.
- Handhabungsmodul
  Portalroboter als Bindeglied zwischen Greif- und Orientierungseinrichtung.
- Nähmodul
  Überwendlich-Schnellnäher mit Kantenbeschneideinrichtung, Fadenwächtern sowie einer Bahnkantensteuerung zur Positionierung des Teils in Querrichtung. Eine Zusatztransporteinrichtung (Puller) unterstützt den Transport der Teile während des Nähens.
- Ablegemodul
  Vollautomatisches Klammersystem zur definierten Aufnahme des genähten Hosenteils.
- Steuerungsmodul
  Modular aufgebaute Steuerung mit integrierter Schnittstelle zu übergeordneten Systemen.

Den Gesamtaufbau der flexibel automatisierten Nähzelle zeigt *Bild 64*.

8.2.2 Beschreibung der Einzelkomponenten

Der flexible Greifer ist an einem Portalroboter angebracht, dessen Arbeitsraum über dem Magazin sowie der Nähplatte liegt. Durch diese Konfiguration ist es auch möglich, die Greifeinheiten sowohl zum Vereinzeln als auch zum Orientieren in einem Modul zu realisieren. Gerade beim Vereinzeln ist es jedoch sinnvoll, daß das oberste Teil immer in der gleichen Position dem Greifer zur Verfügung steht. Der Hauptgrund hierfür liegt in der Einrichtung zum vollständigen Trennen der Teile, die ansonsten ebenfalls höhenverstellbar ausgebildet werden muß und einen hohen konstruktiven Aufwand erfordert.

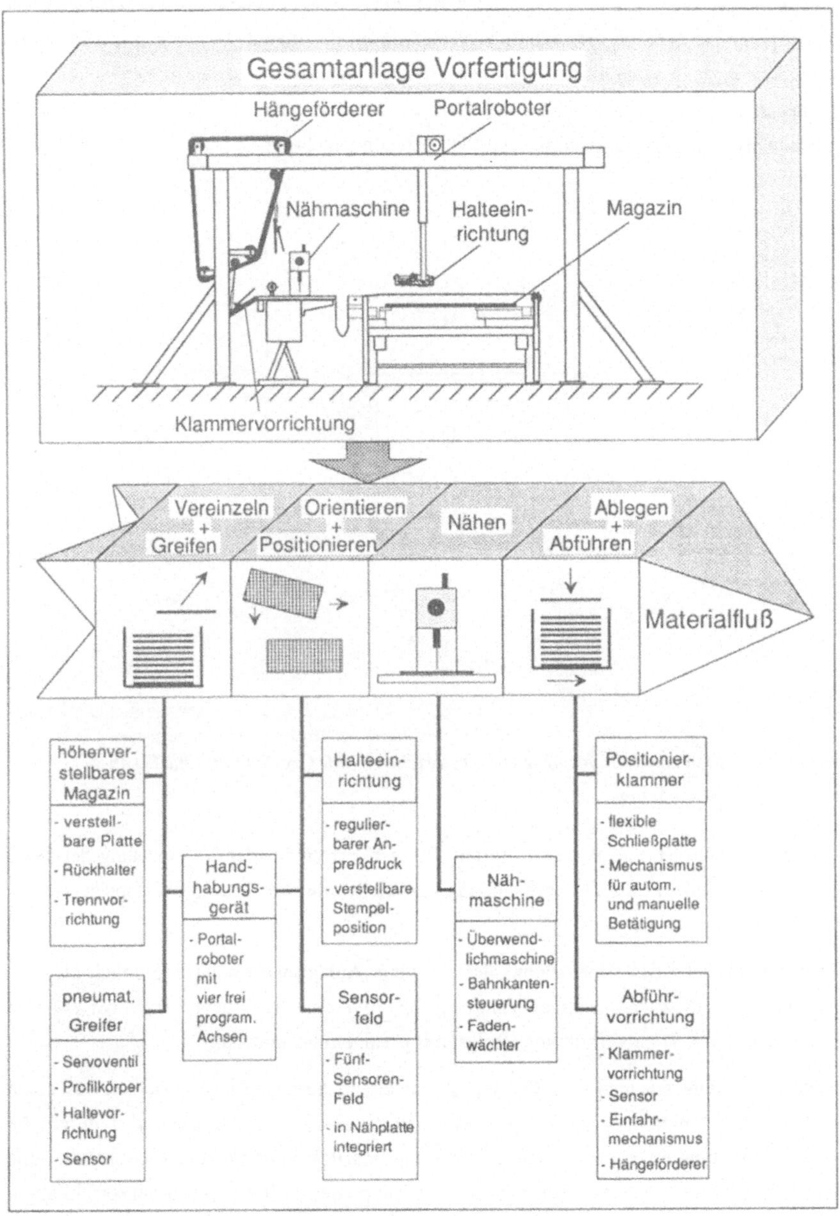

Bild 64: Gesamtansicht der flexibel automatisierten Nähanlage

Für die Bereitstellung wird ein höhenverstellbares Magazin aufgebaut, das ergonomische Gesichtspunkte durch die anpaßbare Einlegehöhe für das manuelle Einlegen der Teile mit berücksichtigt. In Kombination mit dem Handhabungssystem hat ein höhenverstellbares Magazin den Vorteil, daß schon während des Trennvorgangs die Teile wieder in einer genau definierten Position bereitgestellt werden können (*Bild 65*).

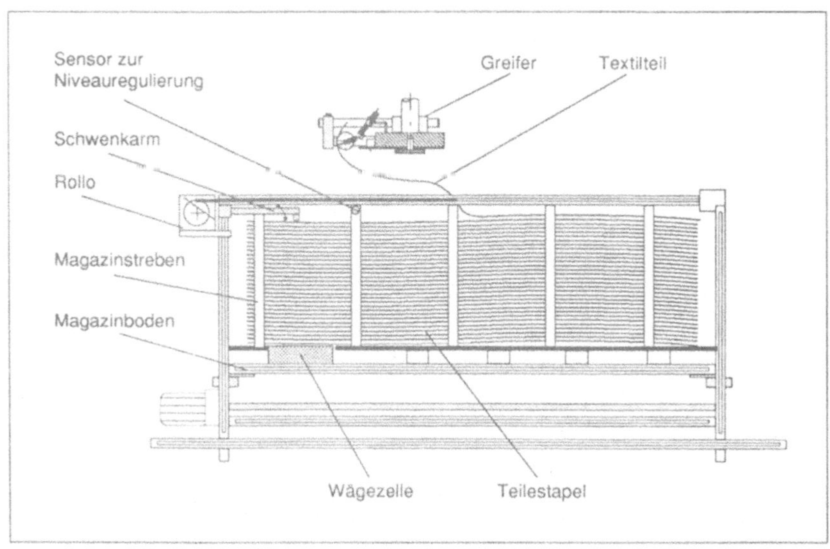

Bild 65: Seitenansicht der Magaziniereinrichtung mit Greifeinheit und Trennvorrichtung

In das Magazin ist eine Waage integriert, die den Erfolg bei der Vereinzelung der Teile kontrolliert, indem eine Differenzbildung der Meßwerte des Gesamtteilestapels vor und nach dem Greifvorgang erfolgt.

Zur Minimierung des Arbeitsraums der gesamten Anlage wird nicht wie üblich ein verfahrbarer Tisch zur vollständigen Trennung der teilvereinzelten Lagen verwendet, sondern eine aufrollbare Trennvorrichtung (Rollo) mit geringem Raumbedarf.

Der entwickelte pneumatische Greifer ist mit einem Servoventil ausgestattet, das einen programmgesteuerten einstellbaren Blasluftstrom erlaubt. Der Greifer wird durch die Halteeinrichtung erweitert, der die Orientierung und Positionierung der vereinzelten Teile übernimmt. Das vereinzelte Teil wird auf die Nähplatte mit integriertem Sensorfeld abgelegt und mittels der Halteeinrichtung orientiert und positioniert. Zur Verbesserung der

Gleiteigenschaften der Teile sind Luftdüsen in der Nähplatte integriert, deren Blasrichtung so eingestellt wird, daß sie den Transport beim Nähen unterstützen (*Bild 66*).

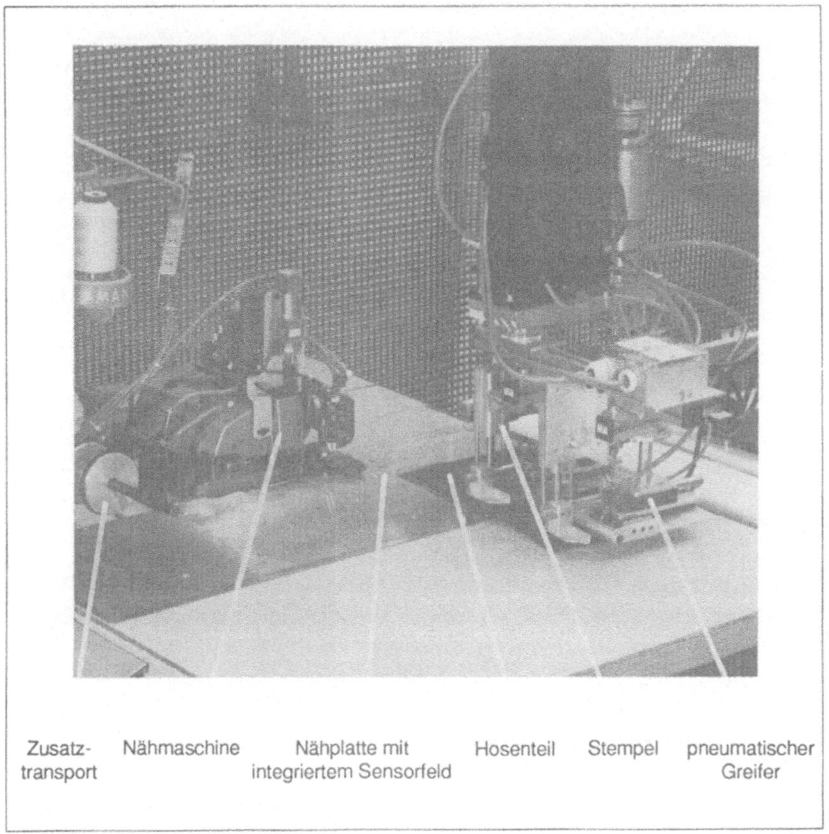

Bild 66: Halteeinrichtung beim Orientieren und Positionieren

Der Quertransport an der Nähmaschine ermöglicht die tangentiale Ausrichtung des Hosenteils während des Nähens, wobei der Zusatztransport den geradlinigen Auslauf des Teils aus der Maschine garantiert.

Über eine Sensorik wird das genähte Teil an der Schließstation erkannt und die Schließbewegung der Klammer eingeleitet. Die Größe der Klammer wird so gewählt, daß bei allen Breiten der Bund definiert gegriffen werden kann. Die Schließstation zeigt *Bild 67*.

Bild 67: Klammerschließvorrichtung mit eingelegter Positionierklammer

Ein wichtiger Bestandteil der Module sind die jeweiligen Fehlerstrategien, die die erzielten Ergebnisse auf Plausibilität hin überprüfen, Kollisionen verhindern und entsprechende Hilfsmaßnahmen einleiten. *Bild 68* zeigt beispielhaft die Fehlerstrategie beim Vereinzeln und Greifen.

Zur Durchführung der Bewegungsabläufe wird eine Steuerung verwendet. Sie besteht aus einem Rechner als zentrale Steuerungseinheit sowie verschiedenen Modulen zur Ansteuerung von Schrittmotoren, des Hauptmotors der Nähmaschine und der Hauptachsen des Handhabungssystems. Desweiteren sind Module zur Ein- und Ausgabe digitaler und analoger Signale integriert und es besteht die Möglichkeit, ein Schnittstellenmodul zu übergeordneten Systemen beispielsweise über Ethernet hinzuzufügen.

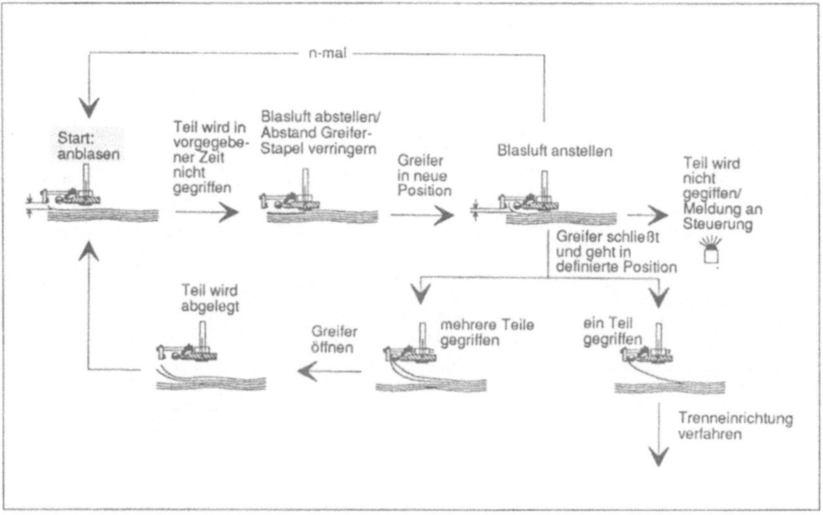

Bild 68: Fehlerstrategie beim Vereinzeln und Greifen

Zur Entwicklung einer komfortablen Bedienoberfläche für die Gesamtanlage wird eine weitere Rechnereinheit der Gesamtsteuerung angegliedert. Die Steuerungssoftware ist hierbei in Modulblöcke aufgegliedert, die die Abläufe für die jeweiligen Teilkomponenten beinhalten. Hier können statistische Daten abgefragt, Störungen angezeigt oder Hilfefunktionen aufgerufen werden.

Die einfache Bedienbarkeit wird durch die entwickelte Bedienoberfläche gewährleistet (*Bild 69*).

8.2.3 Funktionsablauf der Nähanlage

Vor Beginn eines automatischen Zyklus werden die zu vernähenden Teile als Stapel in das Magazin mit Niveauregulierung eingelegt. Hierzu befindet sich die Grundplatte des Magazins in der untersten Position (Beladestellung). Die seitlichen Begrenzungen markieren den Einlegebereich der Werkstücke.

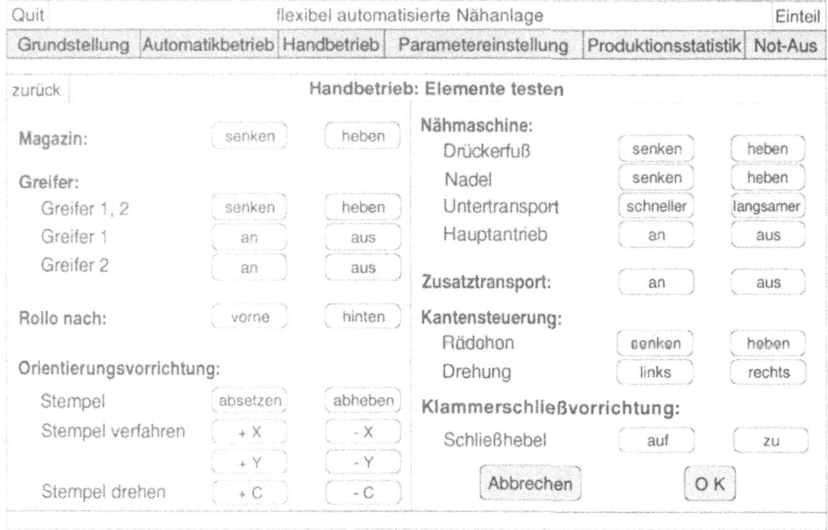

Bild 69: Bedienoberfläche der Nähanlage

Zu Beginn des automatischen Ablaufs verfährt der Magazinboden nach oben, bis sich die oberste Lage des Teilestapels in einer von Sensoren überwachten Soll-Position befindet. Danach senkt sich der an einem Portalroboter angebrachte pneumatische Greifer auf den Stapel ab und stoppt in einer vorgegebenen Vereinzelungsposition mit definiertem Abstand zur obersten Textillage. Anschließend wird die Blasluft eingeschaltet. Der Anstieg der Blasluft erfolgt so lange, bis das Teil am Profilkörper anliegt und in dieser Position geklemmt werden kann.

Nach dem partiellen Trennen des gegriffenen Teils vom Stapel ermittelt die im Magazinboden integrierte Waage, ob ein Teil gegriffen ist. Befindet sich kein Teil im Greifer, wird eine spezielle Fehlerstrategie eingeleitet (*Bild 70*). Beim korrekten Greifen eines Teils fährt die Trenneinheit zwischen Stapel und gegriffenem Teil und trennt dieses dadurch vom Restteilestapel. Zur Orientierung und Positionierung des Nahtanfangs wird das Teil mittels der Halteeinrichtung auf der Tischplatte mit integrierten Sensoren verfahren. Sobald das Teil unter der Nadel positioniert ist, wird die Nähmaschine gestartet und das Nähen beginnt.

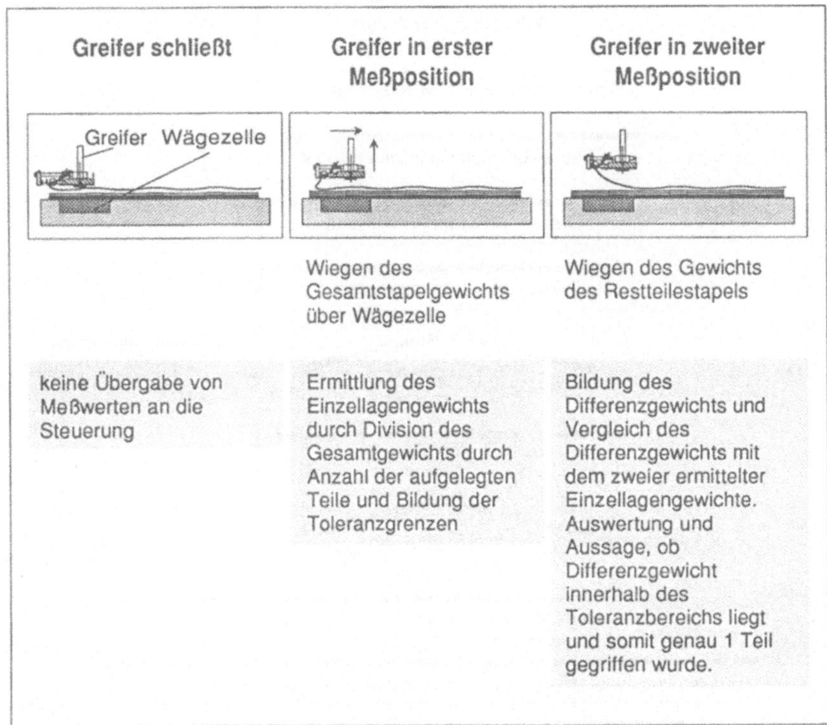

Bild 70: Ablauf beim Vereinzeln und Greifen

Die seitliche Führung während des Nähvorgangs übernimmt die aktive Bahnkantensteuerung. Zur Unterstützung des Nähtransports wird ein Zusatztransport verwendet, der hinter der Nadel angebracht ist. Das fertig genähte Teil wird an die Klammer übergeben, die den Ordnungszustand der Teile bis zur nachfolgenden Arbeitsstation aufrecht erhält.

Den Gesamtablauf zeigt *Bild 71*.

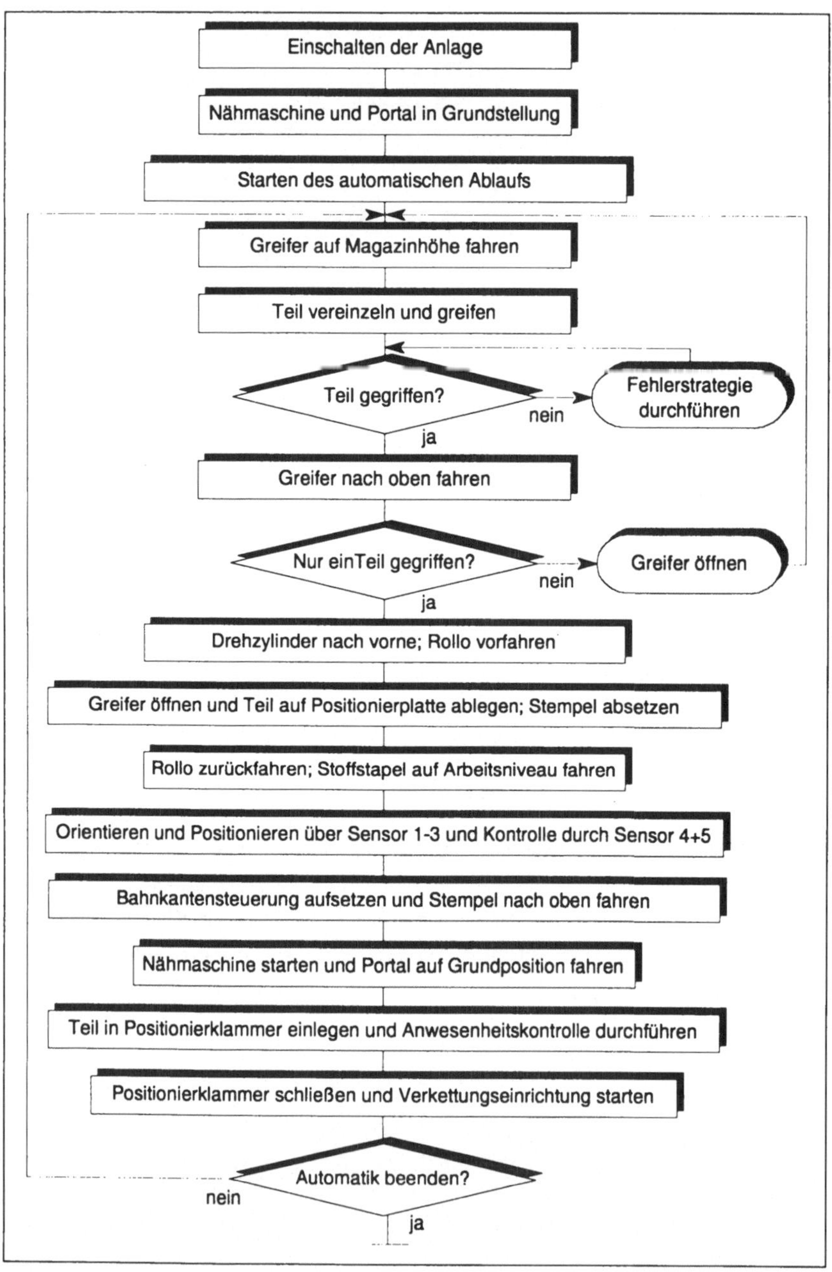

Bild 71: Gesamtablauf beim automatischen Nähen

8.3 Durchführung von Versuchen

Ziel der Versuche ist es, die Funktionsfähigkeit der Anlage für das in Kapitel 8.1 aufgezeigte repräsentativ ausgewählte Produktspektrum unter Beweis zu stellen. Die Versuchsteile werden dazu in der angelieferten Form als Stapel in das Magazin eingelegt. Eine vorherige Sortierung hinsichtlich Dicke oder unterschiedlicher Biegesteifigkeiten wird nicht durchgeführt. Hierdurch werden mit der Realität vergleichbare Bedingungen geschaffen, da die Teile direkt vom Zuschnitt und ohne vorheriges Umschichten zu vereinzeln sind. Der Bund der Teile wird an die Begrenzungen des Magazins angelegt. Nach dem manuellen Einlegen des Stapels beginnt der vollautomatische Bearbeitungsablauf.

Zur Beurteilung der Einsatztauglichkeit der Komponenten für die verschiedenen Fertigungsschritte werden die in *Bild 72* aufgeführten Bewertungskriterien herangezogen. Für das Nähen wird an der Nähmaschine eine Stichzahl von 3000/min eingestellt.

Fertigungsschritt	Bewertungskriterien
Vereinzeln und Greifen	❑ Teil beim ersten Versuch gegriffen. ❑ Teil beim zweiten oder darauffolgenden Versuch gegriffen. ❑ Teil nicht gegriffen.
Orientieren / Positionieren	❑ Teil innerhalb der vorgegebenen Toleranzen orientiert und unter der Nadel positioniert. ❑ Teil aufgrund von Fransen oder Umschlagen nicht positioniert. ❑ Teil wird von den Sensoren nicht erkannt.
Nähen	❑ Naht von Nahtbeginn an parallel zur Außenkontur. ❑ Naht nicht parallel zur Außenkontur.
Ablegen	❑ Teil geklammert und in dieser Position an das Transportsystem übergeben. ❑ Teil nicht geklammert oder in der Klammer umgeschlagen.

Bild 72: Bewertungskriterien bei der Versuchsdurchführung

Im folgenden werden die Versuchsergebnisse getrennt nach den Fertigungsschritten aufgezeigt. *Bild 73* zeigt die Vereinzelungs- und Greifergebnisse von 1000 Hosenteilen. Hier wird ersichtlich, daß bei Breitcord und Feincord mehrere Greiffehler auftreten. Die Ermittlung der Biegesteifigkeit sowie der Dicke zeigen, daß es sich bei den nicht gegriffenen Teile um Textilien mit einer Biegesteifigkeit > 3,6 cN·cm und einer Dicke > 1,5 mm handelt, die für den pneumatischen Greifer nicht geeignet sind. Insgesamt ergibt sich eine Zuverlässigkeit des Greifsystems von 99,4 % bei einem völlig gemischten Materialspektrum.

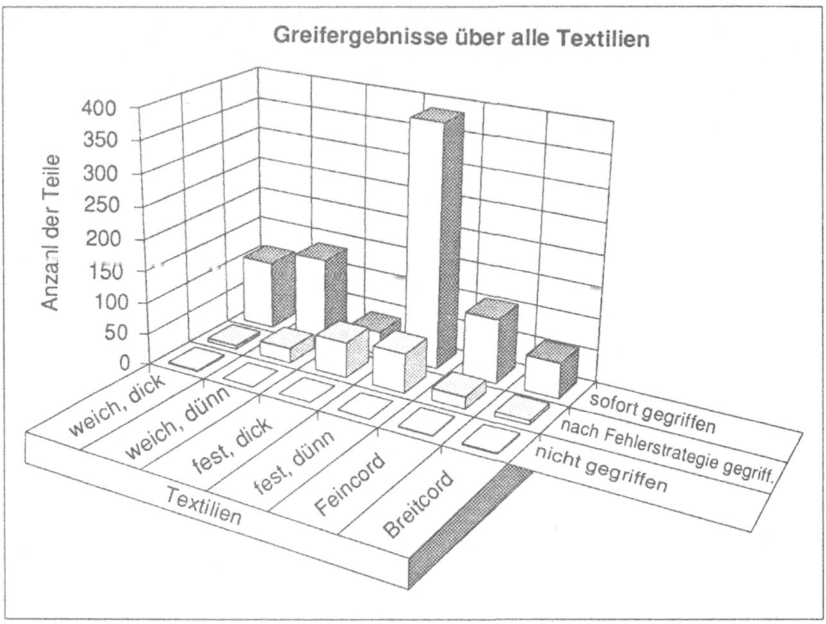

Bild 73: Vereinzelungs- und Greifergebnisse

Um alle Textilien bezüglich des Orientierens zu bewerten, werden die nicht vereinzelten Teile manuell unter die Halteeinrichtung gelegt. Die Ergebnisse bei der Orientierung und Positionierung der Teile sind in *Bild 74* dargestellt. Die auftretenden Fehler liegen an einer Anhäufung vieler Fransen sowie in einem Fall an der hohen Orientierungsgeschwindigkeit in x-Richtung, durch die das Textil an einer Ecke umschlägt. Die Fehler durch Fransen liegen im schlechten Zuschnitt begründet. Rückfragen bei den Bekleidungsherstellern ergaben, daß in der Regel mit keiner derartigen Fransenbildung zu rechnen ist, sofern die empfohlenen Schärfzeiten der Messer im Zuschnitt eingehalten werden. Das Positionieren des Teils unter die Nadel ist unproblematisch, sofern der Drückerfuß mindesten 3 mm angehoben wird. Die Zuverlässigkeit beim Orientieren und Positionieren liegt für das untersuchte Textilspektrum bei 98 %. Läßt man die herstellerbedingten Fehler durch vermehrte Fransenbildung außer Betracht, so kann mit einer Zuverlässigkeit bei der Orientierung und Positionierung von ca. 99 % gerechnet werden.

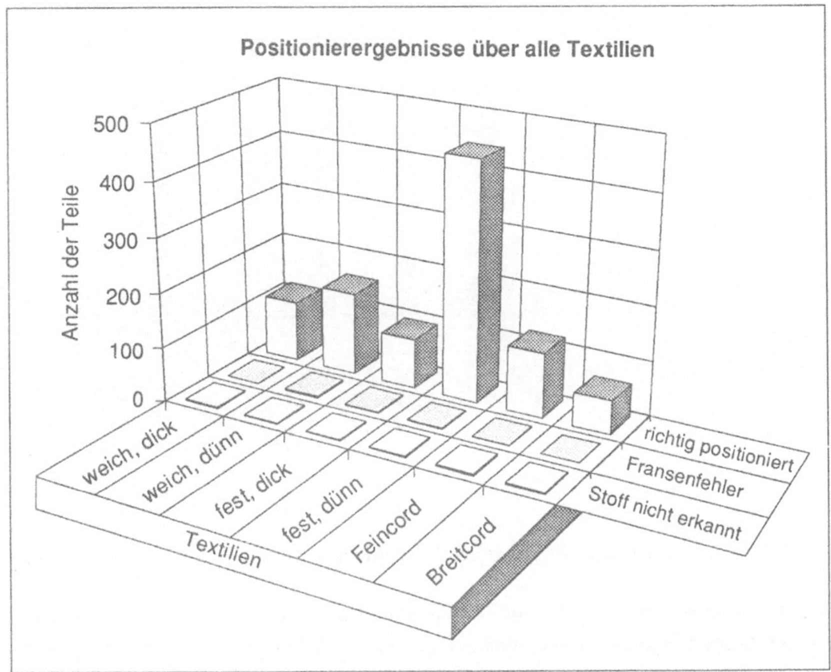

Bild 74: Ergebnisse beim Orientieren und Positionieren

Die erzielten Nähergebnisse, die Rückschlüsse auf die Orientierungs- und Positioniergenauigkeit erlauben, sind durchweg sehr gut. Dies bedeutet, daß immer am vorgegebenen Nahtanfang mit dem Nähen begonnen wird. Die Winkelabweichungen am Nahtanfang gegenüber der Kontur liegen bei weniger als 2 Grad.

Das Einlegen der Teile in die Positionierklammer sowie der Abtransport wird mit einer Zuverlässigkeit von 100 % erfüllt. Die Toleranzen für die Positioniergenauigkeit der Teile in der Klammer liegen im Bereich zwischen 0,5 mm und 2 mm.

Die Gesamtverfügbarkeit der realisierten Versuchsanlage liegt bei dem betrachteten Teilespektrum durch Multiplikation der Verfügbarkeiten der Einzelkomponenten bei 97 % (*Bild 75*). Die Verfügbarkeit kann jedoch gesteigert werden, indem einerseits Textilien ausgesondert werden, die hinsichtlich ihrer Dicke und Biegesteifigkeit stark von der Gesamtheit abweichen und andererseits im Zuschnitt die geforderten Qualitäten definiert und kontrolliert werden. Eine Verfügbarkeit der Gesamtanlage von mehr als 99 % liegt somit im Bereich des Möglichen.

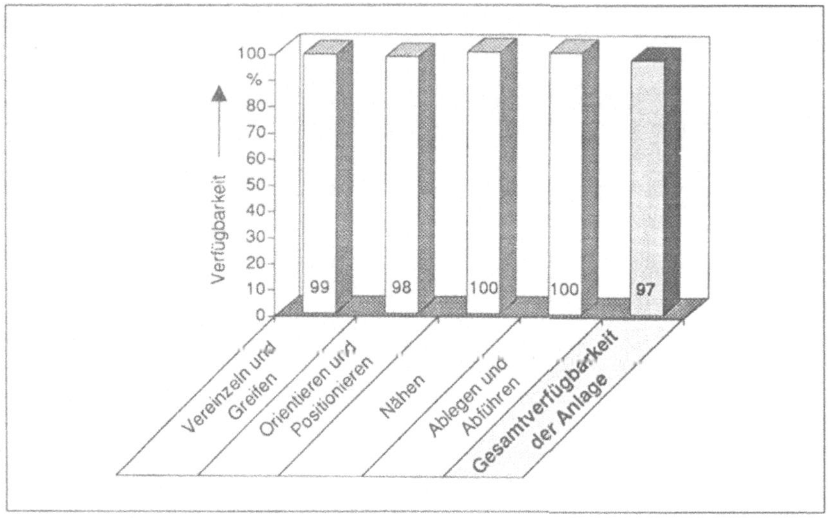

Bild 75: Darstellung der Verfügbarkeit der Gesamtanlage

Die Gesamtanlage arbeitet mit einer Taktzeit von weniger als 10 Sekunden. Der Hauptanteil der Bearbeitungszeit entfällt dabei auf das Vereinzeln und Greifen sowie den Übergabevorgang mit ca. 6 Sekunden. Nach dem Positionieren des Teils unter der Nadel kann bereits mit einem neuen Vereinzelungsvorgang begonnen werden. Das Nähen des Teils erfolgt gleichzeitig mit Beginn des nächsten Vereinzelungszykluses, an den sich das Ablegen des Teils in die Klammer sowie der Abtransport mit einem Hängeförderer anschließen.

8.4 Diskussion der durchgeführten Arbeiten

Die Entwicklung hatte zum Ziel, Textilien unterschiedlicher Geometrien und Materialien vereinzelt und orientiert unter einer Nähmaschine zu positionieren, zu nähen und unter Beibehaltung des erzielten Ordnungsgrades abzulegen. Bei der unter Beachtung der textilspezifischen Eigenschaften durchgeführten Entwicklung einer automatisierten Nähanlage konnte durch die Anwendung von 11 der insgesamt 16 aufgestellten Leitlinien ein wesentlicher Beitrag für das automatische Handhaben und Nähen von Textilien erreicht werden.

Die Versuche an dem aufgebauten Funktionsmodell haben gezeigt, daß ein hohes Maß an Flexibilität beim Vereinzeln und Zuführen von textilen Materialien möglich ist. Der entwickelte pneumatische Greifer benötigt keine Voreinstellungen und paßt sich automatisch an die jeweiligen Eigenschaften der zu vereinzelnden Materialien an. Je nach Materialbeschaffenheit und Flexibilitätsansprüche können Vereinzelungs- und Zuführraten bis zu 99 % erzielt werden.

Die entwickelte Verfahrstrategie ermöglicht in Verbindung mit dem aus Punktsensoren bestehenden Sensorfeld das Erkennen der Kontur von Textilien am Nahtanfang. Die Teile werden sicher orientiert und positioniert der Nähmaschine zugeführt, wodurch die Voraussetzungen für ein einwandfreies Nähergebnis geschaffen sind.

Das Nähen erfolgt mit einer Nähmaschine, deren Funktionen in die Gesamtsteuerung mit integriert werden. Die Versuche bestätigen, daß der Nähprozeß problemlos abläuft, also sicher beherrscht wird. Installierte Kontrollfunktionen betreffen hier das Erkennen eines Fadenbruchs sowie des Nahtendes.

Zum geordneten bzw. teilgeordneten Ablegen und Übergeben der Teile wird die entwickelte Positionierklammer verwendet. Die konstruierte automatische Schließvorrichtung schließt die Klammer, sobald das Textil bis zu einem vorgegebenen Abstand in der Klammer positioniert ist. Das Klammern der Teile unter Beibehaltung ihres (partiellen) Ordnungsgrades ermöglicht die automatische Übergabe der Teile an nachfolgende Fertigungseinrichtungen. Somit ist die Basis für eine automatische Verkettung mehrerer Arbeitsstationen mit unterschiedlichem Arbeitsinhalt gelegt.

Mit dieser entwickelten und aufgebauten Konfiguration für die Einteilbearbeitung wird die Machbarkeit einer flexiblen vollautomatisch arbeitenden Nähanlage für textile Materialien mit nahezu beliebigen Materialeigenschaften nachgewiesen. Dadurch wird eine Lücke bei der Bearbeitung von unterschiedlichen Textilien mit einer Anlage ohne zeitaufwendige Umstellarbeiten geschlossen.

9 Zusammenfassung und Ausblick

In den Nähereien der Bekleidungs-, Kraftfahrzeug-, Zulieferer- und Polsterindustrie, in denen flächige Textilien verarbeitet werden, erfolgen viele Arbeitsschritte bis heute noch manuell. Die ersten Arbeitsschritte zur Weiterverarbeitung der Teile nach dem Zuschneiden finden in der Vorfertigung statt. Dort werden die im Stapel bereitgestellten Teile vereinzelt, gegriffen und anschließend in der gewünschten Orientierung unter der Nadel der Nähmaschine positioniert. Danach erfolgt der eigentliche Bearbeitungsvorgang, das Nähen der Teile. Die genähten Teile werden anschließend an eine Transportvorrichtung übergeben.

Als geeigneter Bereich für eine Automatisierung der Handhabungsvorgänge bietet sich die Vorfertigung an, da zum einen ca. 80 % der Gesamtbearbeitungszeit auf unproduktive Handhabungsvorgänge entfällt und zum anderen der Nähprozeß in der Vorfertigung, im Gegensatz zum Nähprozeß bei der Montage von mehreren Teilen, vollautomatisch durchführbar ist.

Die Analyse des Standes der Technik macht deutlich, daß zur Zeit keine flexiblen, automatischen Nähanlagen im Bereich der Vorfertigung auf dem Markt verfügbar sind, die alle Arbeitsschritte von der Vereinzelung der bereitgestellten Teile bis zum Ablegen und Abführen ausführen können. Bestehende Nähanlagen weisen erhebliche Defizite hinsichtlich Flexibilität bezüglich unterschiedlicher Materialien, Modularität und Zuverlässigkeit auf. Ähnliches gilt für die Teilkomponenten wie z. B. Vereinzelungs- und Greifeinheiten, die nur manuell auf ein bestimmtes Teilespektrum einstellbar sind. Die bestehenden Orientierungs- und Positionierungseinheiten sowie die Erkennungssysteme sind für einen Einsatz in der Praxis zu aufwendig. Bei den verwendeten Ablege- und Abführsystemen geht meistens der aufwendig erzielte Ordnungszustand der Textilien wieder verloren.

Es zeigt sich, daß erheblicher Entwicklungsbedarf für automatische, flexible Anlagenkomponenten besteht. Ein Lastenheft, welches die aus dem Stand der Technik abgeleiteten Entwicklungsdefizite berücksichtigt, bildet die Grundlage für die durchgeführten Entwicklungen.

Für das Vereinzeln und Greifen wird ein pneumatisch wirkender Greifer entwickelt, der innerhalb eines bestimmten Materialspektrums und in Kombination mit einer speziellen Sensorik sowie einer Fehlerstrategie Teile vom Stapel sicher vereinzelt und anschließend greift. Die Einstellung der Greiferparameter erfolgt ohne jegliche Kenntnis der Materialparameter automatisch.

Das Orientieren und Positionieren der vereinzelten Teile am Nahtanfang erfolgt durch eine robotergesteuerte Halteeinrichtung und eine geeignete Verfahrstrategie über ein Sensorfeld. Dabei wird ein Höchstmaß an Flexibilität und Sicherheit bei geringem Aufwand erzielt.

Zur Aufnahme der bearbeiteten Teile wird eine Positionierklammer konzipiert, mit der die Teile unter Beibehaltung des beim Orientieren und Positionieren erzielten Ordnungszustandes an weitere Fertigungseinrichtungen automatisch übergeben werden können. Dadurch entfallen aufwendige Vereinzelungsprozesse an nachfolgenden Fertigungseinrichtungen.

Weiter werden erstmals Leitlinien für automatische, flexible Nähanlagen und deren Teilkomponenten abgeleitet, die für Anlagenplaner und -bauer ein Hilfsmittel bei der Entwicklung derartiger Systeme darstellen.

Zur Demonstration der erzielten Ergebnisse bei der Entwicklung der Funktionsmodule wird eine modular aufgebaute, flexibel automatisierte Nähanlage zum Umstechen aufgebaut. Sie bietet die Möglichkeit zur Integration in bestehende und zukünftige Fertigungsstrukturen sowie zur Erweiterung des Funktionsumfanges.

Der Nachweis der Funktionsfähigkeit erfolgt am Beispiel der Verarbeitung von Hosenteilen. Das Produktspektrum variiert hierbei in der Größe und Geometrie der Teile sowie der verwendeten Materialien. Die durchgeführten Tests zeigen das gute Zusammenwirken der entwickelten Funktionsmodule sowie deren hohe Zuverlässigkeit bei der Bearbeitung unterschiedlicher Materialien. Mit dem Abführen der bearbeiteten Teile, unter Beibehaltung eines hohen Ordnungsgrades, ist erstmals die Voraussetzung für eine automatische Verkettung zu nachfolgenden Arbeitsstationen geschaffen.

Mit diesem Beispiel wird demonstriert, daß die Herausforderungen einer flexiblen Produktion in der Vorfertigung mit den entwickelten Komponenten vollautomatisch bewältigt werden können.

Ein weiterer Schritt zur Automatisierung der Handhabungsvorgänge in der Vorfertigung ist das Schließen der Lücke zwischen Zuschnitt und Vorfertigung. Hierfür sind noch geeignete Prinzipien und Strategien zu entwickeln, um die geschnittenen Textilteile automatisch vom Zuschneidetisch abzunehmen und an den Bearbeitungsstationen der Vorfertiung automatisch in geordnetem Zustand bereitzustellen. Damit würde eine durchgängige Automatisierung in der Vorfertigung ermöglicht.

Eine Erweiterung der Handhabungsvorgänge auf die Montage von zwei oder mehreren Textilteilen ist zukünftig nur dann sinnvoll, wenn das Nähen sicher und automatisch durchführbar ist. Dazu ist es jedoch erforderlich, den Nähvorgang kontrollier- und regelbar zu gestalten, wobei Handhabungseinrichtungen das Zuführen sowie das Ablegen der Teile übernehmen können. Die ersten Voraussetzungen hierfür sind mit der entwickelten Positionierklammer für flächige Textilien zur Bereitstellung bereits geschaffen.

10 Literaturverzeichnis

/1/ Schmermbeck, M.: Ein Beispiel praxisnaher Forschungsarbeit. In: Bekleidung + Wäsche (1989) Nr. 22, S. 23-27

/2/ Krowatschek, F.; Köhler, H.; Oligschläger, A.: Werkstückhandhabung. Köln: Forschungsgemeinschaft Bekleidungsindustrie, 1985 (Bekleidungstechnische Schriftenreihe Band 13)

/3/ Nestler, R.: Betrachtungen zum Stand und zur weiteren Entwicklung von Automatisierungslösungen in der textilen Konfektion: Teil I. In: Bekleidung und Maschenware 26 (1987) Nr. 1, S. 8-9

/4/ N. N.: VDI 2860, Handhabungs- und Montagetechnik. Düsseldorf, VDI-Verlag 1990

/5/ Köhler, E.: Grundlagen der Handhabungstechnik biegeschlaffer Flächengebinde. Chemnitz, Universität, Diss., 1986

/6/ Günther, A.: Schneider werden Ingenieure. In: Maschinenmarkt (1989) Nr. 21, S. 85-90

/7/ N.N.: Studie des Fraunhofer-Institutes für Produktionstechnik und Automatisierung zur Investitionspolitik deutscher Bekleidungshersteller, Stuttgart 1991

/8/ N.N.: Wenn Roboter nähen. In: Textil-Wirtschaft (1990) Nr.43, S. 8-9

/9/ Götz, R.: Strukturierte Planung flexibel automatisierter Montagesysteme für flächige Bauteile. München, Techn. Univ., Diss., 1991

/10/ Spiegelmacher, K.: Zuschneiden und Vereinzeln textiler Werkstücke. Düsseldorf: VDI-Verlag, 1991 (Fortschrittberichte des VDI, Nr. 219)

/11/ N. N.: Richtlinie DIN 60000: Textilien, Grundbegriffe

/12/ Schierbaum, W.: Bekleidungslexikon. Berlin: Schiele & Schön, 1978

/13/ Kretschmer, A.: Wie gleichmäßig ist Webware? In: Chemiefasern Textilindustrie 88 (1986) Nr. 36

/14/ Winkler, R.; Köhler, E.: Entwicklung eines kontinuierlichen Positionierverfahrens: Teil 1.
In: Bekleidung + Wäsche (1991) Nr. 3, S. 20-25

/15/ Winkler, R.; Köhler, E.: Entwicklung eines kontinuierlichen Positionierverfahrens: Teil 2.
In: Bekleidung + Wäsche (1991) Nr. 4, S. 18-22

/16/ N.N.: Zuschneidetechnologien in der Bekleidungsindustrie.
Bonn: VDI-Verlag, 1989
(Schriftenreihe Humanisierung des Arbeitslebens Band 86)

/17/ Hanisch, G.; Mahr, A.: Automatisches Greifen und Vereinzeln von Textilien.
Köln: Forschungsgemeinschaft Bekleidungsindustrie, 1990
(Bekleidungstechnische Schriftenreihe Band 81)

/18/ Nestler, R.; Pakulat, D.: Untersuchungen zum Vereinzelungsprozeß von textilen Stoffteilen: Teil 1.
In: Textiltechnik 34 (1989) Nr. 2, S. 92-98

/19/ Greuel, M.; Weisse, F.; Zastrow, U.: Der Griff eines Gewebes-subjektive Beurteilung und objektive Messung.
In: Bekleidung + Wäsche (1991) Nr. 5, S. 36-45

/20/ Schiele, O.H.: Chancen durch CIM in der Bekleidungsindustrie.
In: Bekleidung + Wäsche (1988) Nr. 14, S. 8-13

/21/ Abele, R.: Mensch und Computer sichern optimale Paßform.
In: VDI-Nachrichten vom 27.9.91, S. 32

/22/ Temme, M.: Einsatzmöglichkeiten für Roboter.
In: Bekleidung + Wäsche, (1991) Nr. 19, S. 10-15

/23/ N.N.: Richtlinie DIN 61400 (1988):
Nähstichtypen: Einteilung und Begriffe

/24/ Moll, P.: Welche Chancen hat der nähende Roboter?
In: Deutsche Nähzeitschrift (1992) Nr. 3, S. 34-35

/25/ Warnecke, H.-J.; Schraft, R. D.: Handhabungsbuch Handhabungs-, Montage- und Industrierobotertechnik.
Landsberg/Lech: verlag moderne industrie, 1992

/26/ Krowatschek, F.; Oligschläger, A.; Monsinski, E.: Positioniersysteme in der Bekleidungsfertigung.
Köln: Forschungsgemeinschaft Bekleidungsindustrie, 1982
(Bekleidungstechnische Schriftenreihe Band 34)

/27/ Thöne, D.; Hennig, H.: Untersuchung der Ursachen des Nahtkräuselns und deren Vermeidung. Köln: Forschungsgemeinschaft Bekleidungsindustrie, 1986 (Bekleidungstechnischen Schriftenreihe Band 55)

/28/ Brodmüller, H.; Krowatschek, F.; Liekweg, D.; Mosinski, E.: Arbeitsplatzverkettung in der Bekleidungsindustrie mit einem modularen System. Köln: Forschungsgemeinschaft Bekleidungsindustrie, 1985 (Bekleidungstechnische Schriftenreihe Band 33)

/29/ Warnecke, H. J.; Nollek, H.; Strommer, W.: Schließung der Lücke zwischen Zuschnitt und Näherei. In: Bekleidung + Wäsche (1990) Nr. 1, S. 38-40

/30/ Taylor, P. M.: Sensory Robotics for the Handling of Limp Material. In: Proceedings of the NATO Advanced Reseaerch, Workshop on Sensory Robotics for the Handling of Limp Material, 16.-22. Oktober 1988 in II Ciocco, Italien/Hrsg. der Tagung. Berlin: Springer-Verlag, 1990

/31/ Kemp, D. R.; u. a.: A Sensory Gripper for Handling Textiles. International Trends in Manufacturing Technology: Robot Grippers Berlin: Springer-Verlag, 1986

/32/ Schulz, G.; Guse, R.: Zuverlässigkeitsgrad: 91 bis 99,8%. In: Bekleidung + Wäsche (1992) Nr. 12, S. 10-16

/33/ Monkman, G. J.; Taylor, P. M.: Electrostatic Grippers, Principles and Practice. In: Proceedings of the 18th International Symposium on Industrial Robots Berlin: Springer Verlag, 1988, S. 193-200

/34/ Köhler, E.: Automatische Werkstückhandhabung in der Konfektion. In: Deutsche Nähzeitschrift (1990) Nr. 4, S. 42-46

/35/ Baumgarten, W.; Krankenhagen, H.-J.; Lanke, J.: Zuschneidetechnologien in der Bekleidungsindustrie. Düsseldorf: VDI-Verlag, 1987 (Schriftenreihe Humanisierung des Arbeitslebens Band 86)

/36/ Hanisch, G.; Krumbiegel, S.: Automatische Handhabungssysteme für die Bekleidungsindustrie. Köln: Forschungsgemeinschaft der Bekleidungsindustrie, 1988 (Bekleidungstechnische Schriftenreihe Band 67)

/37/ Rausch, W.: Stabilisierung von Bekleidungstextilien. Forschungsstelle Hohenstein: Forschungsgemeinschaft Bekleidungsindustrie, 1987 (Bekleidungstechnische Schriftenreihe Band 54)

/38/ Gibson, I.; Monkman, G. J.; Palmer, G. S.: Adaptabel Grippers for Garment Assembly. In: Proceedings of the International Robots and Vision Automation Conference, Detroit, 1990

/39/ Köhler, E.: Handhabung biegeschlaffer Flächengebilde. In: Textiltechnik (1983) Nr. 7, S. 47-51

/40/ N. N.: Flexible Nähzelle für das BRITE-Projekt. In: Bekleidung + Wäsche (1990) Nr. 20, S. 42

/41/ Moll, P.: Nähmaschinen und Nähautomaten Teil IV. In: Bekleidung + Wäsche (1988) Nr. 17, S. 58-70

/42/ Eton: Fa. Eton: Firmenschrift

/43/ Hightex: Fa. Hightex: Firmenschrift

/44/ Braczyk, H. J.: EDV-gestützte Transporttechnologien in der Bekleidungsindustrie. Bonn: VDI-Verlag, 1987 (Schriftenreihe Humanisierung des Arbeitslebens Band 85)

/45/ N. N.: Fa Beisler: Firmenschrift

/46/ Heinz, K.; Lange, W.: CIM - Schritt für Schritt zu einer integrierten Lösung. In: Bekleidung + Wäsche Jahrgang (1988) Nr.14, S. 14-19

/47/ Kruse, F. H.: TRAASS - Wege zur Vollautomation der Bekleidungsherstellung. In: Bekleidung + Wäsche, (1986) Nr. 16, S. 32-40

/48/ Kruse, F. H.: MARS - Ein Robotsystem für Nähbetriebe. In: Bekleidung + Wäsche, (1986) Nr. 23, S. 13-16

/49/ Weißbach, H. J.: Was kann die Branche vom allgemeinen Maschinenbau lernen? In: Bekleidung + Wäsche, (1989) Nr. 4, S. 10-22

/50/ Kalide,W.: Einführung in die technische Strömungslehre.
München, Carl Hanser Verlag, 1968

/51/ Truckenbrodt, E.: Lehrbuch der angewandten Fluidmechanik.
Berlin, Heidelberg: Springer-Verlag, 1988

/52/ Hanisch, G.; Krockenberger, O.: Flexibles Greifen und Vereinzeln biegeschlaffer Flächengebilde: Eine technische Herausforderung mit hohem Rationalisierungspotential.
In: WT 83 (1993) Nr. 9, S. 138-140

/53/ Hanisch, G.; Krockenberger, O.: Technische Herausforderung: Automatisches Vereinzeln und Zuführen unterschiedlicher Schnitteile.
In. DNZ international 114 (1993) Nr. 3,
S. 29-31, 41-42, 44-45

/54/ Krockenberger, O.; Nollek, H.: Handling within an Automatic Sewing Cell for Trouser Legs.
In: Robots in Unstructured Environments - Vol. 2 : '91
ICAR, 19.-22. Juni, Tagungsort/Pisa Piscataway, 1991,
S. 1534-1537

/55/ Kaun, R.; Krockenberger, O.; Nicolaisen, P.: Gestaltung von Industrieroboterarbeitszellen und -bereichen.
Bremerhaven: Wirtschaftsverlag NW, 1992
(Schriftenreihe der Bundesanstalt für Arbeitsschutz Fb 651)